香港粵菜

方曉嵐 著

引言

飲和食德

廣東簡稱「粵」，中國八大菜系中就包括了粵菜。粵菜真正崛起始於明清，盛於民國，發展歷史雖然不長，卻是成長得最快速最耀眼的菜系，海納百川，融滙貫通，歷史成就了粵菜的形成與興盛。

中國八大菜系，到了清代中後期才逐步確立，其中的粵菜，是泛指廣府菜，即廣州及珠三角操粵語地區的菜式。那時代正是廣州作為通商口岸、順德佛山絲業外貿強盛的時期，經濟發達令廣州府轄下地區的廣府菜，迅速強盛壯大成為菜系。所以，我認為中國八大菜系中的粵菜，並沒有包括潮州菜和客家菜。

有些外省文化人卻不是這樣認為，特別是近年國內有研究餐飲的人士，著書立論推行「大粵菜」的概念，攬山抱海，把廣東省的潮州菜和客家菜，全歸納於粵菜。「大粵菜」概念，可能令一些飲食界人士高興地捧場，但是，粵菜與潮州人所吃的潮菜，有明顯的區別，可曾細問過先祖來自福建的潮州老鄉，願意把潮菜稱為粵菜否？客家人在歷史上是流動的民系，至今在全球人數過億，客家菜縱橫贛、閩、川、湘、粵、桂，各省皆有不同風味的客家菜，更有馬來西亞華裔的傳統客家菜，那是真正的稱得上「大客家」，若把客家菜歸入粵菜，客家人願意否？我認為「大粵菜」的概念有待商榷。

在香港自古至今，民生飲食以中菜為基礎，中菜又以粵菜為中心。以廣府菜為代表的粵菜，在過去百多年來，是我們與生俱來植在血液中的認知，毫不含糊。若將粵菜加上潮州菜、東江菜，以至整個大灣區的中菜，毫無疑問，那應該稱為「廣東菜」。

飲和食德，重點是一個「和」字，粵菜不卑不亢，平和清淡中顯出風格特色。常有人問我，怎樣解釋中菜與西菜最大的分別，這是一個好題目，我也曾以此為題作演講。

中菜的烹調技術，不斷發展了幾千年，與世界上大多數國家的烹調相比，最明顯的特點，就是烹調上的層次，使所有包括主材料、配料、調味料、香料等材料，在不同的手法處理及烹調下，達到各自的最好效果，但又互相融合，渾然天成為一個菜式，而不只是裝盤上的主次配襯。在烹飪的過程中，針對不同材料的性質，進行包括刀章、醃製、預處理、烹調的先後、火候、溫度等技術的配合，成為一道道截然不同的菜式。這些在中國人來說，看似理所當然亦習以為常的烹調，正是中華民族幾千年來烹調智慧的積累，也是中國菜餚追求完美境界的哲學。

這正正就是儒家四書的《中庸》之道，直接影響了中國人的食文化，而行事「中和」就是中國人崇尚的處世哲學，是生活的態度。在講究色、香、味、形的協調中，隨著食材、調味料和烹調技術的各種不同的配搭和變化，創造出多元的味道和口感，講求酸、辛、甘、鹹、苦的「五味調和」。中國人自古都相信，食物的五味調和，不僅是味覺的享受，而且對人的健康有直接影響，五味不和，會危害健康。而對食物的配搭、味道、口感、份量、冷熱等都要求適度，就能達到中和。如此引申至近代的烹飪，可以說，烹調出來的菜式，能達到「中和」，就是中菜的最高境界，也就是中菜的魅力所在。

中國的飲食，與西方國家最大的不同，就是幾千年的「醫食同源」，懂得在吃食中尋求養生之道，而不光是為了填飽肚子，或舌尖上的滿足。中華民族自古對各種食材的認識甚深，並已普及成民間智慧。兩千多年前《黃帝內經·素問》中，明確地指出了食物的性質對身體的影響，以配合四季節令的變化。也就是說，在有選擇的條件下，人們會選擇吃對身體有益的食物，避開對身體無益的食物；而食物之間的配搭，更是有廣泛而普及的知識，並早已深入每一個家庭直到今天。

李漁是清代著名的文學家和美食家，在他的著作《閑情偶記》中，提出了「肉不如蔬」的見解，應提倡「重蔬食，遠肥膩」，方能養生。李漁認為饌之美，在於清淡，而油膩的食物，會「堵塞心竅」，此幾百年前的飲食理論，與今天科學化的醫學不謀而合，可見古人的飲食智慧。粵菜之美，正在於清淡柔和，輕芡少油，粵式湯水注重醫食同源，把近代中菜的優點發揮得淋漓盡致。

香港的粵菜，傳承自廣府菜，經過百多年的錘鍊，得天獨厚，乘著香港經濟起飛的快車，青出於藍創出天地，上世紀八十年代改革開放後，反饋廣東以至流傳全國。一代代的香港粵菜廚師，兼容開放，融匯中西南北，取材用料既保留廣東特色，又敢於使用中外高端食材，烹廣東小菜，又擅長烹製鮑參翅肚等名貴菜式，烹調海鮮菜式更一直領導潮流，別具風格。

《香港粵菜》是我和陳紀臨負責修撰《香港地方志．飲食卷》的外篇，本書以較輕鬆的文字，訴說香港開埠以來粵菜的歷史及相關故事，讓讀者及飲食從業員通過了解百多年來香港粵菜的發展，感受香港曾經走過的路，認識過去，啟發思維，攜手同行，迎接下個盛世的到來，香港明天會更好！

目錄

第四章 著名粵菜酒家

第五章 名人名事

第一章

香港粵菜史話

- 粵菜的起源和發展
- 從「食在廣州」到「香港粵菜」
- 風月留痕　飲食興起
- 酒樓名的「男」字情意結
- 淪陷的困窘與戰後騰飛
- 風俗舊事——禡牙、謝灶
- 消失的粵菜菜單文化
- 粵式飲食術語

粵菜的起源和發展

粵菜位列中國八大菜系之一，是歷史較短而發展得最快最成功的菜系。自二十世紀初至今，香港粵菜的強勢成長，對於整個粵菜菜系的發展，功不可沒。

粵菜的根基來源是廣府菜，廣府菜是以廣州（省城）為中心，以及順德、中山、南海、番禺、佛山、東莞、肇慶、韶關和湛江等地區的菜式。這片地區自古是魚米之鄉，四季分明、物產豐富，早在唐代已有十多種烹調技巧，在清代迅速發展成型，到民國時期，粵菜進入了黃金時代。

粵菜不拘一格，融匯南北、容納中外，加上講究的烹調技巧，創出自身的風格。比起中國其他菜系，粵菜的基本特色是追求清淡，這也是與氣候炎熱有關。粵菜充分利用豐富的水陸食材，講究食材生猛鮮活，烹調注重清爽之美，無論蒸、炒、炆、燉，盡量做到顯示食材本身的原味純色。

古代的嶺南地區，是經濟文化相對落後的蠻夷之地，獨立於中原文化之外的一方文俗，加上當地人粗放原始的雜食和生食文化，被北方人稱為「南蠻」。

改變嶺南飲食文化的第一個里程碑，是在秦代。秦始皇派大軍越過五嶺，征服百越之族，設立了郡縣管轄，秦代建設的靈渠，使南北物產來往暢通，古越人有機會接觸中原的飲食文化，進入南北融匯結合的時期。秦國滅亡，趙佗建立南越國，在廣州稱帝，加速了古越人由粗放的雜食文化，逐漸改變成廣府菜的雛形，並輻射至周邊的珠三角地區。

漢代海上絲綢之路興盛，廣州港因有珠江入海口的優越地理位置，成為漢代貿易的重要集散及出海港口。到唐宋時期，中國的經濟中心逐漸移至江南和嶺南，南北飲食文化的融合在逐步深化，而粵菜在這時迎來了第二個發展的里程碑。

南宋末期，宋軍被蒙古大軍狙擊而南逃，文天祥和陸秀夫帶著宋帝昺逃到廣東，頑抗了兩年，最後兵敗，宋朝滅亡。大批宮廷御廚和官家廚師分散流落在廣東，他們帶來了中原及江浙地區的烹調技術，結合當地菜式，配以廣東豐富的水陸食材，令粵菜進一步發展成型。

康熙二十四年（一六八五），清政府廢除海禁，允許開海貿易，在粵海關下設置專門經營進出口貿易的洋貨行，俗稱「十三行」，後洋貨行發展成特許行商；乾隆二十二年（一七五七），清政府實施一口通商，把對外貿易限定在廣州，一時中外官賈雲集，奠定了十三行商館區於中國南大門的重要地位。廣州經濟騰飛，富甲全國，官府菜及招待外商的買辦菜，帶動了飲食業百花齊放，國內外的海味珍饈上了酒樓筵席，掀起了追求高消費的飲食熱潮，「食在廣州」聞名全國，促進了廣州飲食文化進一步發展，同時影響了鄰近廣州的香港。乾隆時期，粵菜成為中國八大菜系之一，這是影響粵菜的第三個也是最重要的里程碑。

飲食業的根基在於市場，隨著廣州的城市擴大，鄰近廣州的佛山，因處於中原至廣州的水陸要道上，從明永樂年間開始，就是廣東省的交通樞紐，商務日益繁盛，成為商品生產、集散、貿易的中心，飲食業發展快速。隨著一八四二年南京條約簽定，開放五口通商（廣州、廈門、寧波、福州、上海），貿易中心北移，廣東省的商貿受到衝擊，佛山商人紛紛攜資本到廣州尋找出路。一八五四年廣東三合會起義，佛山毀於戰火，佛山幫的商業資本更加快大舉流向廣州，他們購入靠近車站、碼頭的地皮，以及主要街道等人口稠密的商業區，興建一批又一批三層高的茶樓，地方寬敞，座位舒適，逐漸代替了原來磚木結構的平房茶居，帶領廣州飲食進入了百年興旺的茶樓時代。到光緒末年，「食在廣州」漸漸進入上茶樓「飲茶」時代，請人吃飯，也會說成「請你飲茶」。

廣州早期的酒樓裝修簡單，大部份業務是上門到會，菜餚做好了，盛在保暖的錫鍋（篕）中送到客人府上。菜式豐富的筵席，便要用到九個篕來裝菜餚，成為廣東人口中的「九大篕」。

到了民國時期，政治制度和社會生活發生很大的變化，過去主要做到會生意的酒樓重新裝修，變得豪華熱鬧起來；講究排場的大戶人家和官家，將家宴移至酒樓操辦，代替了曾經風行一時的大餚館名廚到會。越來越精緻的菜餚出品，讓廣大私房膳夫，躍升為粵菜大師傅，隨著筵席之風日益奢華，大型酒樓名店如雨後春筍應運而生。廣州以至珠三角地區經濟繁盛，達官貴人和商人腰纏萬貫，對菜餚已經不只是滿足口腹之欲，而是講究品味和文化，「食在廣州」進入了黃金時代。

陳塘風味，源於江浙船菜，在廣州沙面發揚光大，以清淡爽脆的菜式自創一格，成為粵式小菜的重要元素。官府菜和陳塘風味這兩個粵菜流派，在清末民初期間，隨著廣州的酒樓南下開店流傳到香港。佛山幫的投資，對廣州以至後來對香港的粵菜發展，居功至偉。

粵菜廣泛吸收南北中外烹飪技藝之精華，為我所用，自成風格，例如粵菜中的扒、爆、炒，就是由北方移植過來；焗、煎、炸是借鑒西餐的做法。特別是粵菜把「炒」發揮得淋漓盡致，很多人未必知道，「炒」是源自中原，再傳到廣東的。宋代之前，中菜基本上只有煮、炸、烤、燒（炆、燜）。兩宋經濟繁榮，餐飲業蓬勃發展，加快上菜的需求令「炒」應運而生。隨著南宋滅亡，大量人口舉家南逃，也把「炒」這個烹飪技巧流傳到廣東。到了明清時期，「炒」成了粵菜的特色。粵菜的特色是清淡中求鮮味，講究清、鮮、嫩、滑、香，食材隨季節時令變化，味道隨醬料和技巧而百變無窮，因此粵菜在國內外受到廣泛的歡迎，世界各地的中菜以粵菜餐館的數量為最多。

粵菜在歷史的風雨波瀾中成長，經過幾百年錘鍊，砥礪前行，不斷進步，自成一格，成為世界飲食文化中閃亮耀眼的一顆星星；在延續它的精緻和考究的同時，向低脂、低糖、低鈉方向改良，跟著新時代氣息繼續向前發展。

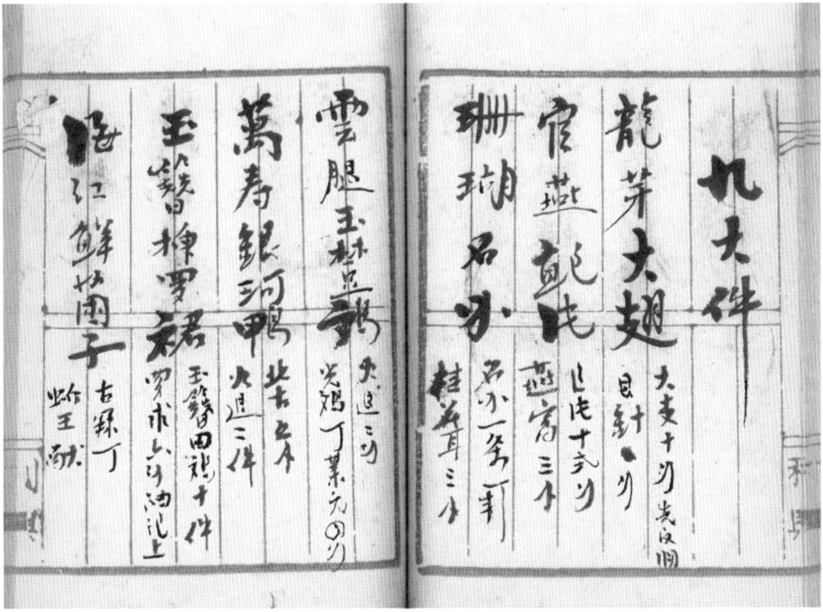

⊙ 舊時代的廚師筆記，記錄了宴席的菜式名和用料。 ⊙

從「食在廣州」到「香港粵菜」

一方水土養一方人，香港飲食文化的存在、特色和發展，除了食材供應豐富外，更取決於香港獨特的地理位置和歷史發展。

香港位於珠江東側，北與深圳相連，西與珠海澳門相望。包括香港島、九龍、新界和周圍二三五個大小島嶼，全境面積一〇七八平方千米，自古就屬於中國領土。在十九世紀被英國佔領之前，稻米是香港本地居民的主食。由於耕地的不足和水利灌溉落後，繼承著祖傳的節儉生活方式，平日飲食是鹹魚青菜加小魚，到年節時才吃雞和豬肉。明清時期，跟隨廣州的步伐，香港出現茶寮、茶居等平民食肆。直到一八四一年，英國人佔領香港之後，香港社會的飲食結構發生了很大的改變。

以廣州為中心的珠江三角洲，物產豐富，廣府菜早在唐、宋時期已有十多種烹調技巧，在清代因廣州開放而急速發展，更被稱為中國四大菜系或八大菜系之一。十九世紀中期，由於大量人口從廣州及珠三角地區移居香港，粵菜在香港飲食中居於最重要的位置。

十九世紀初的香港，是日本和新加坡（非洲貨）的乾貨海味從海運輸入中國的第一站，更是內地入口魚翅漂白、刮砂、起骨、清洗的後勤基地。直到一八四六年，由廣州商人投資的香港第一家茶樓「杏花樓」在港島開業，之後廣佛（佛山）商人紛紛南下開設茶樓酒樓，為香港帶來了廣府菜的營運形式、廚藝、培訓，更重要的是引入了包括鮑參翅肚在內的高級粵菜。

由廣州南下的酒樓，派來了順德籍廣州廚師，他們移居香港，在香港廣招弟子，成為大半世紀以來香港粵菜發展的重要人力及廚藝支柱，為香港培養出一代又一代的粵菜廚師。直至上世紀八十年代，香港的粵菜名廚，大多數都是原籍順德，或者是師從廣州順德名廚學藝的廚師。

由二十世紀開始，香港所有包括官方和華人團體的慶典盛事，以及民間的婚宴、壽宴、大小團體聚會，凡以中菜形式進行的宴會都是以粵菜為主。

六十年代中期，香港經濟起飛，成為亞洲四小龍之一，經濟生產和市民生活方式相應改變，上門到會和晏店、大餚館逐步消失，大小酒樓雨後春筍般開設，變得豪華和具規模，生意興旺，名店、名廚，以及集團式經營湧現。香港粵菜的發展，進入四十年的黃金時代。

香港位處嶺南，佔水陸運輸地利，物料不虞匱乏，各國商品紛至沓來，在中外文化交匯下，經過好幾代廚師的不斷創新，香港粵菜形成了獨特的本土特色，不少港式粵菜烹調技巧成為行業標準；隨著一些香港廚師移居國外，把「港式粵菜」帶到世界各地，成為海外中國菜無可取代的標誌。

香港粵菜早期淵源來自廣府菜，在內地飲食相對封閉停滯甚至倒退的三十多年，利用自身優勢快速成長。八十年代初，趁著改革開放之風，香港粵菜的投資者和廚師帶頭反哺內地，在廣東省以至內地各大城市，帶起粵菜之風，粵菜酒家成為內地高級食肆的象徵。

千禧年後的香港粵菜，背靠中國內地龐大市場，在秉承傳統並汲取外來飲食文化的精華中，不斷繼續發展，香港「美食天堂」的稱號，粵菜居功置首。

風月留痕　飲食興起

五十五年的宵禁歲月

香港開埠前，華人聚居於現今閣麟街與士丹利街一帶的「上市場」地段，以及城皇街一帶的寮屋區。一八四一年英軍佔據香港，並於一八四四年開設中環街市，成為華人聚居的中心；隨著人口以倍數急增，市場區進一步擴展為上、中、下市場，東至卑利街，西至西營盤，納入維多利亞城的版圖。維多利亞城是市區中心，範圍西起西角石礦場，東至東角銅鑼灣天后廟，內分七約，而上中下三環，屬於七約內三約的名稱。

一八四二年，因為治安問題嚴重，負責香港警務的威廉·堅（William Caine）下令除了巡夜人外，所有維多利亞城內的華人，晚上十一時後不得在街上行走，是香港宵禁的開始。這個禁令只針對華人，並在一八四三年修改為晚上八時後上街時要提燈籠，十一時後要帶俗稱「燈紙」的夜行紙（night pass）。一八五七年，禁令修改為從晚上八時到翌日日出，必須帶有夜行紙才能上街。宵禁影響了香港餐飲業的發展，茶社、茶居和地踎館食肆只能在早上和午間經營，而酒樓晚上的生意只服務取得夜行紙的客人。這些夜行紙的有效期為一天至一年，方便有錢負擔夜生活消費的階層，為風月場所和酒樓帶來生意。直至一八九七年，港府才解除了這條長達五十五年針對華人的宵禁苛例。之後，中上環急速發展，成為華人聚居、娛樂和經商的地區。

水坑口風月區

水坑口，顧名思義，就是曾經有一條由山上匯流而下的水坑，人類的生活離不開淡水，自古以來都逐淡水而居。當港島還是歷史上分散的小漁村時，上環已經是活躍的市集。民國初年，水坑口對出海邊還曾設有小型渡輪碼頭，方便居民出入。居民在水坑口一帶聚居，這裡的一塊空地成為休憩地方，有小販擺賣，也有相士在這裡擺檔算命，是熱鬧的居民聚腳點。

一八四一年一月二十六日，英軍艦隊在水坑口海旁登陸，在山丘上插上英國旗，宣佈正式佔領香港島。他們將此處命名為 Possession Point，即佔領角。港英政府強迫華人聚居在維多利亞城的第三約，即鴨巴甸街以西的太平山街地區，並設立「太平山娼院區」，發出妓寨牌照。據當時英文報章記載，一八四一年港島已有妓院三、四十家，妓女多達二百人，早期大部份是洋妓，小部份是當時被稱為「鹹水妹」的華人娼妓，而與妓院配套的酒樓酒館，被稱為「花筵館」。據香港歷史文化專家鄭寶鴻說，鴇母會在報紙的妓院廣告中，呼籲尋芳客帶備鮮花一束，作見面禮和予以識別。妓院林立，造就了花檔的生意，Lyndhurst Terrace 的中文譯作「擺花街」，由於花檔伸延至雲咸街，所以雲咸街又叫做「賣花街」。

「花筵館」是酒樓，可召娼妓陪酒，參照廣州妓院的習慣，客人以飛箋點名召妓（又稱花紙、花箋），在箋上填上客人和娼妓名字；妓院收到飛箋，便派娼妓過來花筵館相伴。她們必須具猜飲彈唱的本領，富人設宴，召紅牌阿姑陪伴才顯闊氣。花筵館亦是有錢人挑選妾侍的地方，曾有姓蔡富翁以一千元為妓女贖身而傳為佳話。

一八七四年九月二十二日，香港遭受開埠以來最強烈的風災，史稱「甲戌風災」，當時天文台尚未設立，香港在毫無預警下正面受颱風吹襲，大量建築物傾塌，巨浪浸沒不少沿岸地區的樓房，二千五百多人遇難，全港水電均告暫停。風災之後，多家妓院及酒樓茶居，陸續遷往上環皇后大道近水坑口位置經營。當時水坑口對開的海灣內，花艇事業蓬勃，娼妓以歌舞在船艇上娛樂賓客，但花艇空間不大，近岸的大小粵菜食肆茶居，便成為嫖客和妓女吃喝玩樂的場所。

一八九〇年代初，香港發生鼠疫並迅速傳播，死亡人數日增，鼠疫爆發後一個月，差不多三分之一在港華人返回家鄉，不少娼妓亦離港暫避。一八九四年五月，港府正式宣佈香港成為疫埠，禁止染病者離港。太平山娼院區是疫情重災區，包括上環太平山街、普慶坊、荷李活道一帶的妓院大都被拆平。之後，娼妓中心遂遷移至水坑口一帶，包括水坑口一街、荷李活道、皇后大道中、大道西的地段，被稱為「水坑口風月區」，俗稱「大寨」。在水坑口附近的宴瓊林、敘馨樓，及斜上荷李活道的探花樓與杏花樓，合稱水坑口的「四大酒樓」。

一八六〇至一九〇五年，廣州的茶樓酒樓紛紛來港開設分號，原本在其他區域的酒樓食肆亦遷往這區。在大道中及水坑口一帶所開設的酒樓，包括由威靈頓街遷來的杏花樓、三元樓、探花樓、敘馨樓、雲來、宴瓊林、江天樓、壽福樓、瀟湘館、留仙館、隨園、觀海樓、桃李園、武彝僊館、楊蘭記茶社、得名、品陞、瓊香、三多、金芳樓等二十多家。這是香港第一批具規模的餐飲業，而投資者多數都是由廣州及佛山南下的餐飲業老闆，並僱用廣州的廚師掌勺。

一八六二年在水坑口附近開設的宴瓊林，名字是取自為新科狀元舉行的御宴「瓊林宴」。由於當時是清朝，不少廣東學子到香港乘大船到京津應考科舉，出發前都會到「宴瓊林」餞行，希望高中。清末名人康有為赴京考試，南海同鄉亦在此設宴款待。後來科舉取消，宴瓊林成為學生出國留學的餞別之處。

水坑口的酒樓，筵開不夜，笙歌徹耳，當時大吹大擂，金鼓雷鳴，叫做「響局」；打揚琴、彈琵琶的叫做清唱；僱歌妓來表演，只是陪酒。近代名士黃遵憲一八七〇年首次過港，為此地寫下「沸地笙歌海，排山酒肉林」的詩句。

一八九〇年代末，得雲茶樓由文樂軒和廖耀亭創辦，位於上環文咸東街一號，至一九九二年九月結業，經營歷時近百年。文樂軒創辦得雲茶樓前，於一八九五年創辦龍珠茶樓。文樂軒和廖耀亭除合資得雲茶樓外，還合資創辦第一樓（一九一八年開業）、平香（一九一〇年代末）、多男（一九二〇）、西河茶樓。得雲茶樓樓高三層，地鋪是禮餅部，以老婆餅（有大老婆餅、細老婆餅兩種）、月餅馳名，樓上是茶廳，茶客大部份是街坊及附近的上班人士。門前有對聯「得逢佳景千秋盛，雲集財源四海來」，門口頂部有一對燒瓷獅子，連著中央位置的地球裝飾，寓意茶樓生意遠近馳名，越做越大。

十九世紀末，上環至石塘咀一帶已成為華人娼妓和賭場集中地，加上粵曲歌場和戲台的興起，直接帶旺香港茶樓業的發展。一八九〇年代，位於石塘咀街市旁開有一間二厘茶館，名為杏春茶話；四層高的洋樓在一九〇六年初改為洞天酒樓，一九一二年五月二十一日，華商會所在此宴請訪港的孫中山先生。

一八九三年開業的富隆樓，由順德商人開辦，本來是位於皇后大道西近水坑口的二厘館，於一八九九年改稱富隆茶居，隨著南音、板眼和粵曲的興起，富隆茶居聘請瞽師瞽姬在店內表演，主要客人是附近南北行的商人。一九二〇年在皇后大道西再開辦武彝僊館（後改名為富隆茶樓），屬於

⊙　七十年代富隆大茶廳（即富隆茶樓）（提供：榮鴻曾博士）　⊙

傳統的中式茶居，樓高四層，天花有掛扇；枱邊設痰盂，枱上放舊式茶盅，綠色窗框掛著鳥籠，場內聘有女侍應。富隆茶樓以「徵歌場」廣告招攬客人，又聘請多位歌伶及樂師駐場，開設日夜唱書。三樓佈置堂皇，以夜市為主；四樓做日夜市，在一九二一年加設冰室雅座，有汽水雪糕奉客。唱書表演令富隆茶樓聞名起來，同行紛紛仿效，包括附近的添男茶樓及平香茶樓。一九七五年，音樂學者榮鴻曾在富隆茶樓為南音瞽師杜煥錄了數十卷錄音帶，近年陸續為他出版唱片和著作，留住已失傳的地水南音藝術。

塘西風月區

一八九七年六月，香港政府取消了宵禁令，市民可以在晚上自由外出，茶樓酒家業瞬即蓬勃發展。當時較多華人聚居的太平山區（即西環干諾道西往西一帶），茶樓酒家相繼出現。直至二十世紀初，更多茶樓酒家開張，包括品芳、平香、第一樓、壽康樓、江天樓、金芳園、桃李園、廣海樓、隨園、洞天、海山仙館及石塘咀的觀海樓等二十多家。商家們聚集在茶樓，進行各類商業買賣。到了二十世紀初，香港的酒樓已增加到三十多間，其中過半數分別開設在水坑口、石塘咀兩處，專做飲花酒生意。

石塘咀本為荒蕪的舊石礦場，在一九〇三年完成填海工程。由於水坑口一帶的樓宇結構殘舊，密度過高令空氣不流通，不少酒家妓院的廚房老鼠、蟑螂橫行。為了管理衛生和食水問題，港英政府限令水坑口「紅燈區」的娼妓業，在一九〇三年六月一日前全部搬遷到石塘咀，並規定妓院換領新牌照，最後延期至一九〇六年三月全部完成搬遷，原水坑口四大酒家的生意一落千丈，宴瓊林、敘馨樓和探花樓最先結業。從此，石塘咀開始了盛極一時的「塘西風月」時期。

全盛時期的塘西風月區有大小妓院五十多家，作為妓院「配套」的粵菜酒家有二十多家，包括一九〇六年由水坑口遷來的宴瓊林酒樓，和新開業的金陵酒家、陶園酒家、廣州酒家、珍昌酒家和洞天酒樓（以上皆於一九〇六）、醉瓊林（一九〇九）、長樂酒樓（一九一〇）等。在塘西飲花酒的客人在酒樓擺席，飛箋召妓，毋須現金埋單，酒樓和妓寨都歡迎熟客賒賬，到大時節如端午、中秋、冬至和過年，才送單請客人清數。

一九一〇年代，塘西一帶酒樓包辦各大妓寨的花筵，其他酒樓亦經營包辦筵席的業務，如一九二四年杏花樓為香港綢緞行公會包辦筵席。中上環一帶的酒家，如南園、文園、大中國等，均設外賣及上門服務。

一九一〇年代末，平香大茶樓在上環永樂街號開業，一座三層高排樓，正面裝飾成宮殿外觀的樓閣，曾經是香港二十年代末四大茶樓歌壇之一，其他有「富隆」、「添男」和「如意」。三、四十年代，香港茶樓歌壇式微；二戰結束後，平香便開始引入北京大鼓歌唱、京劇清唱及相聲等表演節目吸引食客。

一九一四至一八年，第一次世界大戰爆發，影響歐洲物價暴漲，不少香港商人因戰亂而致富，商人們商談生意，多選擇於石塘咀「開筵坐花」來請客，令塘西花事蓬勃。當時最高級的酒樓和娛樂場所都在塘西，酒樓妓院數目劇增，塘西著名的酒樓包括：陶園、香江、金陵、萬國、太湖、太原、中國、聯陞、頤和、洞庭、洞天、南京、共和、澄天、廣州。

位於石塘咀山道與德輔道西交界的金陵酒家，在二十年代中遷往皇后大道西，原址改為廣州酒家。原來的廣州酒家處於一座由住宅設計的新洋樓，間格不能打通，無法擺大型酒席，因此一九二七年搬去金陵酒家的原址繼續經營，一九三〇年成為內地廣州酒家聯號。二戰前，廣州酒家被

⊙ 一九一九年的石塘咀山道，由皇后大道西望向海旁，可見陶園酒家。（提供：鄭寶鴻先生） ⊙

⊙ 約一九一〇年，石塘咀街市及後方的聯陞酒店。（提供：鄭寶鴻先生） ⊙

港府指定為訪港皇室成員設宴地點，不少名伶如薛覺先亦是常客，成為香港四大酒家之一。一九四九年之後，香港廣州酒家與廣州原號再無關連。廣州酒家在六十至八十年代曾改名為囟樂酒樓和黃寶酒樓（一九八一年結業）、新塘酒樓（二〇〇二年結業）。

二十年代開始，酒樓越開越多，競爭進入白熱化階段，引來更多本地及廣州茶樓在中、上環一帶開業，包括嶺南、慶雲、如意（後為清華閣）、添男、萬國、一笑樓、陸羽茶室、得男、正心和雲香等；另有灣仔的祿元居和冠海等，以及九龍的一定好、品心、江南、大昌、添丁、有男及上海街的得如等。同業紛紛推出多款有創意的星期美點，也有茶樓在晚上設歌壇，邀請名伶表演和樂師伴奏。二十年代開設於油麻地上海街的得如酒樓，樓高三層，六十年代改建為七層高的大廈，樓上為住宅，樓下三層為酒樓。得如經營至二〇一二年結業，歷時九十年，是油麻地的地標式傳統酒樓。

一九三五年七月一日起，港府跟隨英國立法禁娼，風月區的酒樓酒家因失去煙花客而相繼結業，石塘咀風月區的酒樓只剩下陶園、金陵、廣州及珍昌四家。而位處中環、灣仔和油尖旺彌敦道一帶的酒樓，因不受禁娼法例影響而得到發展，包括中環的大同、金龍、一笑樓、先施百貨公司頂樓的中國酒家、中華百貨公司樓上的建國酒家、華人行頂樓的大華酒家、油麻地的得如酒樓等等。同時期，多家大小型酒樓食肆以及茶樓茶室，紛紛在港九各區創設，開展了粵菜茶樓酒家的百年興旺。

風月軼事：開廳泵艇

水坑口和石塘咀風月區的酒樓花酌，有俗語說「開廳泵艇」，開廳就是在酒樓開個貴賓房，而泵艇的「泵」就是廣東話中「用腳踏」的意思，據說是廣州公子哥兒上花艇的俗語。其實在岸上花酌，無艇可泵，只是「開廳」。

花酌菜式的先後有規矩。先是「二京二生」，二京是兩樣京果，通常是欖仁和瓜子；二生即兩碟生果如沙田柚、剝皮橙之類。客人埋席先吃生果果仁，滑滑五臟，然後再大吃正餐。「四冷」是四冷葷（那時不叫做冷盤），以小型高腳碟盛著，千篇一律的開胃菜是皮蛋酸薑、酸排骨、瓜皮蝦（酸青瓜蝦米）、酸扶翅（那時未稱珍肝），酸中帶甜，更染作嫣紅色；「四熱食」是用精美小瓷鉢所載，如雞片、鴨片、白鴿蛋、金銀腎之類；然後才到「八大八小」登場，上席次序是梅花間竹式，上了一個「大」菜如鮑參翅肚之類，就接著上一個「小」的，例如金錢雞、滑斑球、燕窩、蝦碌之類，然後再上另一個大的，如此類推。「八小」用的瓷器食具也是小的，而「八大」都是用大海碗或長形兜碟，一般是外面綠色起花，碟內也是綠色但沒有花紋。「八大」除鮑參翅肚之外，例有鴛鴦雞、南乳扣肉、玻璃肉（炸豬肉，因透明似玻璃而得名）。當時不流行甜食，這時就是上茶的時間，接著上兩式點心（小包點和小蛋糕）。最後上飯菜，南乳或鹹蛋油菜，配白粥或白飯，廳宴完畢。據說這桌花酌只不過二両四錢，到三十年代起價至三両六錢，打賞另計。

風月軼事：塘西風月菜

一九〇六年至三十年代香港娼妓合法時期，石塘咀飲花酒流行「塘西風月菜」，中華廚藝學院二〇一五年出版的《老港滋味》記錄了一張風月菜單，菜式有：羅帳釵橫、洞裡藏霞、燕語鶯啼、繡榻藏春、玉山妲己、交合鴛鴦、腰還擺柳、紅袖添香、紗窗邂逅、結臂交纏、輕扣雲裳、梅開二度、一柱擎天、鳳凰相思、蟠桃仙弄、玉液瓊漿。吃到最後一道「粥宴」，已是凌晨二時，吃足六個小時。

塘西風月流行的菜式還有：虎扣藏龍（田雞胃釀蝦膠）、鳳入羅幃（油泡螺片配雞片豆苗）、雛鳳玉乳（上湯雞粒蒸蛋白）、玉乳飄香（薑汁撞奶）、輾轉反側（乾煎石斑）、真箇銷魂（臘腸蒸雞）、月滿秦樓（拆燴燒鵝羹）、鳳舞合歡花（合桃炒雞片雞肝）、紗窗邂逅（蟹皇扒燕窩釀竹笙伴芥菜膽），菜名多綺麗，且語帶雙關。

風月軼事：燒銀紙煲綠豆沙

塘西風月有所謂「燒銀紙煲綠豆沙」的傳說，果真有其事。昔日花生是香港街頭小食，有鹹脆花生、鹹乾花生，也有五香炝脍花生，小販多聚於渡輪碼頭、電影院及大戲棚（粵劇、潮劇）前擺賣，方便乘客及戲迷消閑「剝花生」。

有一個「花生桂」的故事，當中的塘西名妓桂姐，就是「燒銀紙煲綠豆沙」的女主角。一九三五年政府禁娼之後，桂姐生活潦倒，又年老色衰，淪落至中環結志街及荷李活道一帶的私寨（非法妓院）門前以賣花生為生。

據一九四二年五月二十一至二十三日《華僑日報》所載，桂姐曾在幾年前接受該報訪問，說出事情真相。二十年代，塘西風月夜夜笙歌，桂姐藝名楚雲，花樣年華，正值當紅時，裙下追逐之臣無數。那天，梁姓大少送錢要求桂姐做他的「知心老契」（即情人的關係），桂姐性格驕傲，板起面孔，冷然回報。梁大少說想吃綠豆沙，桂姐說好，即叫人把瓦煲炭爐和綠豆移入房中。大少大喜，但只見桂姐忽然拿起大少所贈的鈔票，逐張放入爐中焚燒，燒了近十張滙豐銀行的一元鈔票，並著大少跟著焚燒，以此來煲綠豆沙。但綠豆沙可不是燒十張鈔票可煲起的，結果大少心怯，知難而退。其實當日桂姐只是燒了幾張小鈔，並不是花界所傳的燒了五百元。綠豆沙沒有煲成，但桂姐一夜成名，更多香客想一親芳澤，可惜桂姐過於自傲而慢待花客，艷帳日漸零落，風光不再。桂姐後換地頭轉往星洲（新加坡），欲再操故業，不料冤家路窄，竟然再遇大少，桂姐認錯道歉，兩人重拾舊歡。但幾天之後大少離去，情緣告終，桂姐自此大受打擊，頓失常性，最後在香港靠賣花生為生。

另一個版本，說是當年有兩位商人都想和桂姐「埋街」（即為妓女贖身上岸），為比拚誰人的身家豐厚，雙方找來公證人點算帶來的現金。但決鬥不是在桂姐房間，而是在金陵酒家，其中一人說：「數銀紙唔好玩，不如燒銀紙啦！」酒家抬出聚寶盆，當眾燒銀紙，不過燒的都是細鈔，結果其中一方知難而退。

這件塘西風流軼事，有不少是道聽途說的八卦新聞，比較可信的是上述《華僑日報》所載，不同的版本在坊間相傳了幾十年，最後也是隨時間流逝而湮滅。

後記

二〇一五年，「廚神」梁文韜在元朗大榮華酒樓推出「塘西風月宴」，菜式為：翻雲覆雨半邊天（葷素乳豬雙拼）、玉樓春曉（桂花蟹肉炒魚肚）、翡翠玉鮑（雲耳勝瓜炒鮑片）、彩燕歸凰巢（銀耳雞茸燕窩羹）、金槍不倒翁（炸雞子戈渣）、翡翠皇侯玉扣（翠玉瓜炒管廷魚扣）、錦衣龍皇顯風騷（蜜豆骨香炒斑片）、比翼雙飛入羅幃（竹笙木耳炒鴿片）、蝦醬蜆肉起陽飯、籠仔蒸角菜、寸寸高升馬拉糕。

二〇二四年，大榮華再推出「新塘西風月宴」。

酒樓名的「男」字情意結

八十年代前，香港人無論貧富，都流行為兒孫擺彌月酒（滿月酒），是茶樓酒樓的大生意。擺酒少則幾席十幾席，富貴人家甚至筵開百席，一般會在嬰兒出生前幾個月，已經訂好酒樓的彌月酒席。由於社會傳統重男輕女，於是酒樓的名稱也要圖個吉利，有「男」者優先考慮。

另外一個重要的原因，以前的茶樓酒樓售賣嫁女餅，是一項非常重要的收入，為了吸引顧客購買，茶樓便以好意頭來命名，帶有「男」字的名號印在禮盒上，意味吃過該茶樓的嫁女餅便會添男丁。

二十至五十年代期間，港九陸續有多間以「男」字尾命名的茶樓出現，各由不同老闆經營。一九二〇年，位於皇后大道西與正街交界的多男大茶樓開業，由當時經營得雲茶樓的文樂軒和廖耀亭合辦，是樓高四層的單幢式茶樓，裝潢中西合璧。同期的還有冠男、得男等。多男大茶樓經營至一九九五年結業，經歷七十五年。

一九二八年開業的添男大茶樓，樓高六層，外觀像金字塔，地面設有添男老餅家，廚房設在三樓，四樓是貴賓廳。三十年代，廣州人趙儉生在大道西高陞戲院旁邊開辦的得男茶室，用了爬行的嬰兒作招牌，設有可掛雀籠的卡位，專招待托雀籠的男茶客為主，所以特別不裝冷氣，免得雀鳥遇寒傷風。

以「男」字尾命名的茶樓，還有深水埗南昌街七十六號的有男大茶室（三十年代開業）、灣仔軒尼詩道四二六號的英男大茶樓，和青山道四七二號的德男茶樓（五十年代開業），全部後來都因唐樓重建或被淘汰而結業。一九八七年在筲箕灣道三二九號開業的冠男酒樓，原址是六十年代開業的鑾鳳茶樓，冠男接手後經營至二〇〇七年結業。

⊙　一九九三年的多男大茶樓（提供：高添強先生）　⊙

淪陷的困窘與戰後騰飛

日軍侵華　香港淪陷

一九三八年「七七事變」一週年紀念，豬肉行、牛羊業、家禽業、鮮魚行等一致決定七月六日停屠、七日休市；而酒樓茶室行則只設素食應市，不供應肉食菜式，茶樓售賣的包點也改用素料。「七七事變」的二及三週年紀念，這些行業仍有響應素食運動。

一九三九年日軍全面侵略中國，一九四一年七月，孫中山夫人宋慶齡在香港開展資助國人抗戰的「一碗飯運動」，同月一日晚上於英京酒家主持「一碗飯運動委員會」成立典禮，得到香港酒樓餐室熱烈響應，認捐炒飯達萬餘碗，包括南京餐室、龍泉茶室、英京酒家、東方小祇園、廣州酒家、怡安茶居、金門酒家等；當晚以炒飯招待各界。八月一至三日舉行「一碗飯運動」，飯券每張兩元，購者踴躍，凡購飯券者可於運動期內，到指定酒樓茶室吃炒飯一碗，預算最少可籌得二萬元。

一九四一年十二月九龍淪陷，糧食難購，物價高漲，多間酒樓、茶樓茶室及食肆決定停業。同月二十五日聖誕節，香港正式淪陷於日本。翌年一月日軍成立「歸鄉指導委員會」，強迫市民歸鄉，將失業者、無米票者、流浪者、無身份證明人士、未佩戴校徽的學生或街上閒人等，強行驅逐出境到內地。期間廣州酒家、金陵酒家、陶園酒家被選為歸鄉市民的「宿泊所」。

一九四二年日據初期，食物供應還未至過份緊張，有食肆復業和開業。但隨著日軍的苛例苛稅，市民生活日趨困苦，酒家食肆紛紛結業。部份結業的食肆改營罐頭生意，亦有遷入內街營業。同年，糖、油、鹽及牛奶等物品，改為須憑證購買。十一月十九日，在日軍當局強迫指示下，「飲食業組合」（日語「組合」即「公會」之意）的籌備會議在蓮香樓舉行。

一九四三年四月，位於石塘咀皇后大道西與山道交界的萬國酒家，被改作四海春娛樂場，內有食堂、旅店、理髮店、歌廳及雜貨攤等。同年十月，陶園、金陵、廣州等酒家籌備復業，經營一段時期後被改作「宿泊所」。

年底，在日軍政府節電政策下，電力短缺，茶樓酒家停開夜市，各種肉類食品亦十分昂貴。食肆為應付困境，兼營茶市，供應糕點，包括眉豆糕、魚肉燒賣等；客人吃白米飯要「以斤論值」。

一九四四年中，茶樓只有餅餌、糕品、油器供應，偶然才有魚肉或牛肉。其他如雞蛋、雞肉、鴨肉、豬肉、火腿、蝦、冬菇等停止供應。

日軍政府為了搜刮軍費，批准茶樓開賭場，由投得賭館的公司出租，營運番攤、字花和骰寶等娛樂場。當時的蓮香茶樓設有一個大棋盤，舉辦象棋棋壇，由棋王李志海主持。而慶雲和雲來等則設有掛鈎，供「雀籠友」茶客懸掛鳥籠，聽「開籠雀」唱歌。

同年八月一日，日軍政府開始徵收百分之三十飲食稅，軍票兩円以下免稅，食客叫點心時必先問價錢。為防止食客在消費接近兩円時先行結帳，然後再叫食物，稅局下令食客結帳後，要先離店再進來。飲食業商人若被發現瞞稅，會被拘禁及重罰，更會被嚴刑毒打。在此嚴格制度下，酒樓食肆紛紛結業，直至日軍投降為止。

一九四五年八月十五日，日本宣佈投降，這三年零八個月的佔領期，香港民不聊生、滿目瘡痍，部份建築遭戰火及空襲破壞，戰後人口僅有戰前的一半。

⊙ 德輔道中，馬路右邊可見大同酒家招牌。（提供：張順光先生） ⊙

浴火重生　飛躍發展

日本宣佈投降，香港社會從飽受憂患至逐步恢復，為未來的繁榮打下基礎。

二戰後至六十年代，香港的商人和有錢人家流行請客飲宴，著名粵菜酒樓例如上環的武昌酒樓，只做晚上的請客飲宴，不設散座，不開午市。一九四七年灣仔的英京酒家樓高五層，可筵開百席，除英京外，還有大同、中國、金城、大華。後來，只做晚市筵席的酒家改變了營業模式，兼做早午茶市和飯市。隨著社會漸趨富裕，酒樓酒家相繼開業，不少為相連的多座樓宇，氣派豪華，五十年代以「冷氣開放」作招徠，門口有男或女門僮，亦有印籍司閽。

二戰結束後，香港政府將灣仔石水渠街一帶發展為華人聚居地，各類中式食肆、酒樓林立。龍門酒樓、龍圖酒樓和龍團酒樓，合稱為「三龍」。位於灣仔莊士頓道的龍門大酒樓，前身為龍鳳茶樓，一九四九年開業，據說是香港最早安裝冷氣的茶樓。數年後因有股東退股，由謝氏獨力經營，改名為龍門大酒樓，寓意「一登龍門，聲價十倍」。七、八十年代，龍門成了三行工人的聚腳地，待聘人士一早來到龍門飲茶，而判頭適時會到龍門找工人開工。龍門又創廿四小時營業的先河，食客可通宵飲茶，招牌菜為龍門大包、炭燒叉燒、燒鵝和八寶鴨。龍門於二〇〇九年結業，經營六十年，曾成為灣仔地標。

一九五〇年韓戰爆發，美國對華實施全面禁運，以轉口貿易為基礎的香港，只好放棄內地市場，發展本地製造業，轉向東南亞和歐美尋出路，香港經濟迎來了全面發展的局面。據數字統計，到了一九六三年，本港貨

⊙　龍門大酒樓（上）及其前身（龍鳳大茶樓）（提供：張順光先生）　⊙

物出口已佔總出口四分之三。

因政局動盪，五十年代內地有數十萬人湧來香港，其中包括富人、知識分子、技術人員、廚師以及低層勞動人群，除粵菜之外，各種外省菜館相繼出現。茶樓、酒樓及各式食肆進一步發展，過去有所謂「茶樓不賣小菜、酒家不賣餅」的說法，亦隨著時代轉變，分界日益模糊。皇后大道中的金城酒家、莊士頓道的英京酒家、灣仔鵝頸的大三元酒家，都紛紛改變作風，早茶、午飯、晚飯及筵席，一日三市全開，午市更設熱葷、碗仔翅及燒味等。

從內地移居或逃難到香港的大批廚師和飲食業人才，帶來了技術和資金，他們為找出路、謀發展，陸續在香港開設新型的海派酒樓。海派廣東酒樓的特點是：內部裝修富麗、附設夜總會、菜式改良、用具講究，全部聘用訓練有素的男侍應，能操國語、滬語、粵語及英語。因為受到歡迎，開設數量日多，從上海南京來的海派大師傅都被新開設的海派酒樓羅致，就業率非常高。香港首間海派粵式酒樓是雲華酒樓，除有海派粵式酒樓的特點，還聘請一流的菲律賓籍歌手，檳芥全免，裝設冷氣機等，對香港的傳統酒樓業是一大威脅。

一九五〇年開業的金魚菜館，是海派粵菜的典型，食物中西合璧，提供多樣化的小菜和小食包括：燒鴨腳包、燒焗鷓鴣、燴五蛇羹、生炒黃猄、鹵禾花雀、炆竹絲雞、焗葡國雞、五香雞、煙鯧魚、雞子戈渣、雞茸魚翅、荔浦蟹盒、蝦子海參、酸辣魚肚、金必多湯、紅燒山水豆腐、山斑魚煲西洋菜湯、栗子蛋糕、椰子雪糕等。

一九五三年，都城酒樓開業，該酒樓的經理、師傅、侍應全是由上海來的海派。同時期的京華酒樓、天鵝酒樓、麗宮酒樓也是海派作風；金城酒樓在裝修後改為海派酒樓；瓊華酒樓、香檳酒樓均以海派廣東菜為經營方針。因為裝修華麗的海派酒樓受歡迎，一些戰前開設的酒家需要順應時勢，紛紛重新裝修及裝設冷氣。

一九五〇年，建國酒家、中國酒家、仁人酒家等，中午供應西式中餐，每位一元六角，有湯及碟頭飯，以及咖啡或茶，一切「下欄」（小費）俱免。三家酒家亦供應名為「九大件」的翅席，內有九道菜，包括大包翅、禾蟀、鮑魚、大紅斑及乾煎蝦碌等，每席由五十至百多元不等。

五十年代，香港人口激增，大批平民粵菜飯店湧現，著名的粵菜飯店有鏞記、操記、斗記、九記、合記、昌記等合稱的「六記」。這些飯店設散座，以粵式小炒、煲仔菜和燒臘為主，菜式包括鏞記的燒鵝、操記的掛爐鴨和處女肥雞、合記的蝦皇粥、昌記的粥粉麵和糖水、九記的清湯腩、斗記的鹵水鵝等。同期的還有主打燒臘的新蒲崗德龍燒臘飯店，和主打粵式小菜的油麻地煊記飯店。

同時期，香港出現大量收費廉宜的地踎茶居飯館，供應一盅兩件的早午茶市，以及中午飯為主；部份不經營晚市的，於下午四時關門休息，亦有一些由晨早四時開市直到晚上十一、二時，甚至深夜二時。茶居飯館店舖不大，只設散座，出品的品種有限。茶樓是大眾的聚腳地，早上顧客多為勞工階層，清晨六時左右開舖，熟客們已在等候，自動取壺沖茶，以茗茶為早點，到了中午會供應可吃飽肚的碟頭飯和炒粉麵。茶居多設於戰前舊樓及唐樓，需要由學徒跑樓梯送茶遞菜。後來因人手不足，有些酒樓在廚房與客層間設置小型運菜升降機，稱為「轄」（新創字，粵音 Lip1，借自英語「Lift」），由學徒用人手拉動。

一九五三年韓戰結束，經濟復蘇，茶樓酒樓的生意隨著轉好，舊式酒樓多翻新裝修，新的酒樓陸續開設。大同、中國、建國和金龍，合稱四大酒家，設於香港的核心地區中環；在中上環還有得雲、蓮香、平香、清華

⊙ 彌敦道，右方可見瓊華酒樓的霓虹燈管。（提供：張順光先生） ⊙

閣、添男、得男等；石塘咀則有金陵和廣州；灣仔有英京、龍門、雙喜、英男、龍圖；北角有璇宮、麗華、雲華、都城；油麻地有雲天、得如；旺角有雲來、瓊華、花都、龍鳳、陸羽居，以及深水埗的有男等。不少人「三茶兩飯」都在茶樓解決，包括飲早茶、吃中午飯、下午茶、晚飯和飲夜茶。

六十年代開始，亞洲四個高速成長的經濟體：香港、台灣、新加坡、韓國，合稱為亞洲四小龍。香港工商業發展蓬勃，本地消費市場日益擴大，旅遊訪港人數增加，市面漸趨繁華興旺，更有紅磡海底隧道建成，港九交通便利，帶旺了飲食業走向蓬勃發展。隨著時代轉變，茶居開始式微，轉變為酒樓或酒家，承辦婚嫁宴會筵席。

風俗舊事——禡牙、謝灶

「禡牙」源自古代，據《宋史．禮志》上的解釋，「禡」是行軍出師時的祭祀，「牙」是軍前大旗，師出必祭。在清代，禡牙習俗流行於廣州十三行，後隨行業南遷而傳到香港。

在香港，禡牙稱為「做禡」或「做牙」，戰後逐漸統一稱為「做牙」。香港開埠以來，各大傳統行業包括錢莊、金飾、海味、乾貨、米業、茶葉、藥材等，都有禡牙的習俗。這些都是在店舖內設廚房，供應員工伙食的行業。

禡牙習俗有祭祀和感恩的用意，商戶老闆一為感謝神恩，庇佑生意暢旺，二是慰勞伙記們的辛勞付出，答謝員工賣力，藉做牙設宴款待員工以及生意上常往來的朋友。

年廿八，酒樓茶室員工休息，南北行商收市。不少南北行商的員工，隻身到香港工作，年假期間回鄉，被稱為「種薑」；歲末，鄉間妻子誕下子女，擺滿月酒歡宴親朋，稱為「薑酌」。

香港開埠初期，商舖凡大年初一照例休市，停止營業一天，到了年初二才開始營業，稱為「開市」或「開牙」；年初二午飯開牙祭，稱為「頭牙」。在初二開市當天中午之前，因是一年之始，格外隆重，要燒炮仗，祭拜店內的關公（武財神）和土地神位，祈求開門大吉。先以白切雞和燒肉（寓意鴻運當頭）作祭品，拜神後把雞和燒肉斬開上桌，還有髮菜蠔豉（發財好市）、生菜（生財）、年年有魚（年年有餘）等好彩頭的菜式。西環的乾貨海味店，做牙必有粉葛鯪魚赤小豆湯，因為店內平日有賣各種雜豆，成為商舖做牙必備的傳統湯品，相傳有去骨火功效。

「頭牙」是伙記們特意回店舖與老闆一起拜神和吃午飯，席上老闆如果挾一塊雞給某伙記，就是解僱的意思，稱為「無情雞」，到初三初四，這位伙記就不用來上班了。

舊式店舖每年二十四次禡日（農曆初二和十六日），年初二是「頭牙」，農曆十二月十六日是「尾牙」。伙記平日在店裡多吃蔬菜，到「做牙」日就有肉吃，稱為「打牙祭」。

由於商舖內設有廚房，在農曆十二月廿三或廿四日的灶君誕，都會拜祭火神灶君，保佑來年平安順景，稱為「謝灶」，當日伙食也會較為豐富。

上世紀二十年代前後，香港人口不到三十萬，已有「東和伙頭工會」。在香港南北行及錢莊金飾號，供應店內伙記飯餐的人稱為「伙頭」，主廚為「大伙頭」，亦戲稱「伙頭大將軍」。大伙頭精於家常菜、鮑參翅肚等大菜，技術不在酒家名廚之下。吃大伙頭的菜，一般比酒家或包辦館要豐富，因為就算貴如大裙翅，也不過是做三兩席。錢莊金飾號則吃得更豐盛，因有「地沙」（掃地上之沙，屬員工福利一部份，實為碎銀），至今香港人仍稱碎銀為「神沙」。

七十年代，石油氣爐和煤氣煮食爐逐步代替了火水爐和炭爐，同時也引入了西式的廚櫃，灶頭旁邊不再設灶君爺神位，只有小部份傳統商家保留「謝灶」的拜祭儀式。

八十年代，香港政府立例，農曆年初一、二、三為法定假期，店鋪一般會在初四開市或自行擇日開市，「頭牙」逐漸改稱為「開年飯」，不一定設在年初二。

九十年代，除了極少數的傳統海味店鋪和藥房之外，店鋪不設廚房，也不再供應伙記的飯餐。到千禧年代，做牙和謝灶的習俗基本上消失。

消失的粵菜菜單文化

見本港一老牌粵菜酒家的菜牌上，竟然有一味「鮮摘鳳梨咕嚕肉」，此等俗氣的菜名，竟然出現在曾經以文化見稱的老牌酒家菜牌上，細思令人憮然。粵菜素有美化菜名的傳統，當中雖然不無做作，但好的菜名其實不失為一種文化傳承的表現。上世紀九十年代開始，受西餐菜名的影響，中菜菜名也全部變成「數白欖」式排列材料，別具特色的粵菜菜單文化從此消失了。

傳承廣州粵菜酒樓的習慣，約於二十至七十年代，樓面大司理（以前稱師爺，即現在的高級經理）的看家本領是為客人寫菜單，而且必寫一手龍飛鳳舞的毛筆字。負責寫菜的師爺，書未必讀得多，但編出來的菜名，無論是婚宴、壽宴、滿月宴，名字首先是要好意頭，以取悅客人。寫菜單要為客人著想，同時為酒樓計算斤両成本，此等本領非十年八載工夫練不出來，新入職的「嚫仔」（年輕人），光是站在枱旁侍候兼偷師，也要起碼三數年光景。菜單設計好後，要抄寫三份，一份給客人，一份交傳菜部，方便按次序上菜及檢查是否已上菜。第三份交給廚房出品部，這一份就是工夫所在，在每道菜名下用小字清楚注明用什麼材料、斤両多少等資料，這些小字叫做「敍腳」，也有寫作「序腳」，廚師見字便一目了然。

昔日的菜名完全由主管師爺構想出來，例如四十年代的一道傳統粵菜熱葷，以田雞胃釀蝦膠炒成，最後灑上一撮夜香花，自具色香味之妙，再加上一個響亮的名字「虎扣藏龍」（因田雞皮花紋似虎皮，胃又稱作扣，蝦可喻為龍），在飽嚐口福之餘，同時領略中國文字之美；另一味源自金庸筆下創作，並由鏞記甘健成妙手促成的「二十四橋明月夜」，名字之優美，近代菜名可說無出其右，唯若沒有看過金庸武俠小說或相關資訊，相信猜百次也猜不出個究竟來！

五十年代初名廚陳榮所著的《入廚三十年》中，記錄了不少大半世紀前流行的粵菜，其中不乏文雅菜名，例如：風雪一帆僧（素菜：露筍、雪耳、水豆腐）、奇花吐艷（葷菜：蟹黃、蟹肉、西蘭花）、珊瑚玉乳（筵席熱葷：鮮奶、蟹黃、蟹肉、火腿）、富貴白頭（熱葷：椰菜花、花蟹肉、蛋白），文采風流的粵菜名稱之多，不能盡錄。

根據廚師手冊《庖廚寶典》，記錄三十至七十年代香港的粵菜筵席菜式：

家禽類

寶鴨穿蓮（燉全鴨加荷花片）	金玉藏書（雞片捲蝦膠火腿心蒸蟹黃）	紅梅鳳彩（菜薳炒雞球蟹黃）
鮮草藏春（菜薳鮮菇雞片）	羅幃憶真（菠蘿炒雞片）	鳳翔雲霄（燒雲腿拼油泡雞球）
紫紅爭妍（荔枝涼拌大鴨）	金蟬鳳腿（雞片捲蝦膠火腿條蒸蟹黃）	彩霞蝶影（仙掌扒菜膽）
雁塔題名（油泡蝦片北菇火鴨片）	雀屏中目（桂花耳扒鴿蛋）	喜鵲朝凰（菜薳鳳肝雞片）
龍母蟠桃（核桃雞球）	鳳入桃園（核桃雞片）	龍飛鳳舞（油泡蝦片雞片）
結義同心（燒雲腿拼油泡雞片田雞片）	碧合奇珍（核桃炒腎丁）	祝君進步（竹笙仙掌）
小蛤凌雲（油泡雲腿田雞片鴨片）	翠袖金羅（蟹黃扒雞翼球）	艷影龍團（燒雲腿拼菜薳炒鴨片）

蝶情花義（夜香花核桃炒雀片）	如意鳳翼	富貴石榴雞
碧綠蟠龍雞	玉簪鳳翼球	碧綠手撕骨香雞
羅幃蜜月雞	燒鳳凰片皮雞	江南百花雞
萬壽蟠桃雞	鴛鴦片皮雞	鹿鳴酥雞
玉液全雞	珊瑚玉樹麒麟雞	萬寶來朝雞
生扣鴛鴦雞	香酥龍鳳卷	寶鴨穿蓮
四寶片皮鴨	荔茸香酥大鴨	香酥杏茸鴨
鼎湖全鴨	葵花大鴨	碧綠葵花鴨
八寶燉全鴨	醉扣鴨	香菠麒麟爐鴨
金鸞印龍衣（片皮鴨伴炸蝦扇邊）	璧玉丹心	掌握金銀耳
雙掌握金錢	荔茸扒釀雙乳鴿	四寶拼雙頂鴿
玉桂乳鴿	京扒柴把乳鴿	鶯燕彩靈芝
珊瑚鴿脯	牡丹鴿脯	

魚蝦蟹類

竹影珠簾（竹笙釀百花）	百花仙島（蝦膠釀肥肉）	梅紅仙島（蟹黃扒百花蒸釀魚肚）
脱衣換錦（蟹黃扒百花蒸釀鮮菇）	太子下漁舟（鴿蛋魚片湯）	艷影明珠（珍珠筍炒魚球）
龍潛珠海（珍珠筍炒蝦球）	月照潛鱗（斑片捲雞肝火腿）	紅梅綠葉（百花釀芥膽）
群儒戲鳳（百花釀蒸魚肚）	雪月華珍（菜薳炒生鮑片）	雪影琴魚（鮑魚扒廣肚）
仙子飄香（鮮菇蝦球）	麒麟鳳足（去骨雞爪扒龍躉皮）	鐵軍羅裙（炆鴨肉切片＋油泡螺片）
棋子瓜脯（蟹肉扒百花釀冬瓜）	大展宏圖（蟹黃炒桂花魚翅）	雁羽翔雲（百花釀雞翼球）
金盤貯玉（百花蒸釀黃耳）	包羅宇宙（鮮雞翼炆鮑脯）	鸞鳳和鳴（菜炒雞球蝦球）
龍珠彩鳳（菜薳雞片蝦球）	鴛鴦蝴蝶（菜薳鳳肝腎片螺片）	蟠桃吐玉珠（核桃青豆蝦仁）
彩玉寶珠（菜薳螺片蝦球）	珊瑚魚塊（蟹黃扒蒸魚塊）	綿綿瓜瓞（百花釀冬瓜）

合浦還珠（蝦膠釀蠔豉）
彩鳳入羅幃（菜薳乾螺片）
龍鳳呈祥（冬筍雞片蝦球）
花開富貴（百花釀椰菜花）
生意宏圖（蟹黃扒生菜）
小鳳戲龍鱗（雞茸蝦片燕窩）
龍圖玉帶（菜薳蝦球帶子）
天鳳天鮑（豬天梯鳳肝鮑魚）

鴛鴦福祿（蟹肉扒雙蔬）
夜裡明珠（夜香蝦丸）
錦繡羅球（油泡雞翼球螺球）
牡丹仙掌（百花釀仙掌）

牡丹仙掌（製作：馬榮德師傅）

珊瑚玉樹（蟹黃扒玉芥）
虎穴藏龍（百花煎釀涼瓜）
雪中送炭（石耳汆螺片）
龍鳳戲鴛鴦（油泡蝦片雞片）

花好月圓（蟹扒青豆魚肚）
白髮齊眉（蟹黃扒燕條）
麟吐玉書（蝦片捲火腿）
燕液龍珠（蝦丸蒸燕窩）
雪影龍騰（燒雲腿拼蝦球）
龍鳳朝華堂（鳳肝蝦球唐蒿菜底）
龍鳳抱子（蝦子雞片蝦片）
錦上添花（蟹黃扒釀椰菜花）

掌上黃金（蟹黃扒百花釀仙掌）	石麟飛燕（百花釀斑片）	梅放紗窗（蟹扒百花釀竹笙）
燕賀春來（百花釀鵪鶉燕窩芡）	玉板影紅（蟹鉗肉燒鮮菇）	紅霞奪錦（蟹黃扒百花釀北菇）
錦繡羅衣（菜薳炒雞翼球螺片）	天仙化人（蟹黃扒百花釀魚肚）	龍圖啟瑞（蟹黃扒蒸百花釀核桃）
綠萼紅梅（蟹黃蒸百花釀芥膽）	紅梅素艷（蟹黃扒蒸百花釀鮮菇）	

湯羹類

掌耳奇花（桂花耳仙掌湯）	蓮池月影（鮮蓮白鴿蛋湯）	龍皇夜宴（蟹黃蝦茸燕窩羹加夜香花）
淞江留痕（菜薳筍衣菊花鱸魚皮羹）	漁溪邂逅（榆耳黃耳鮮菇湯）	月影印龍潭（蛋白蝦丸湯）
湯泡珍珠丸（蝦丸湯）	蟾宮月殿（鴿蛋菜薳上湯）	月上雲開（打開蒸熟鵪鶉蛋魚肚湯）
玉扣蓮珠（菜薳田雞扣雞腰湯）	玉液金枝（桂花耳田雞扣雞片湯）	

⊙ 民天酒樓菜單 ⊙

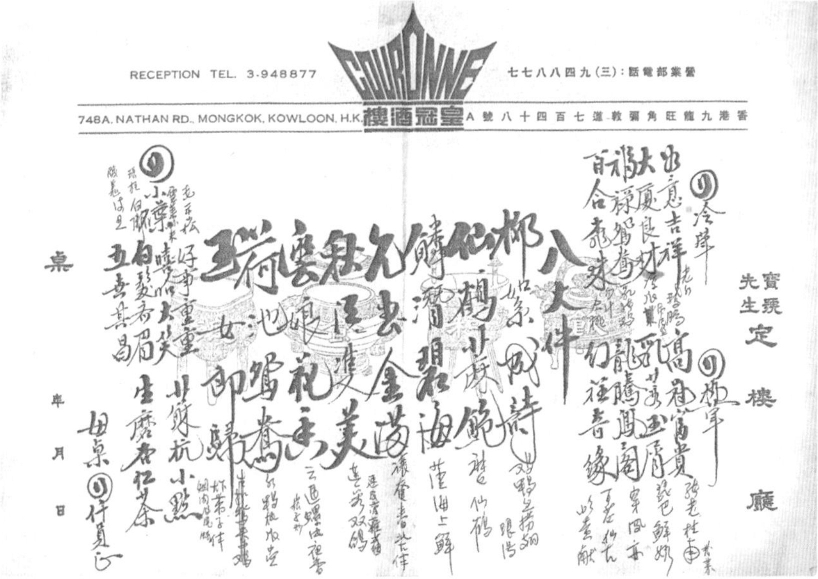
RECEPTION TEL. 3-948877
COURONNE
營業部電話：(三)九四八八七七
748A, NATHAN RD., MONGKOK, KOWLOON, H.K.
皇冠酒樓
香港九龍旺角彌敦道七百四十八號A
寶號 先生 定 樓 廳
桌
年 月 日

皇冠酒樓菜單

精選小菜　八三·十月一日

退汁扒津白
雀巢霸黄沙三鮮
菜尾蚝豉崧
百花釀莜炸条
金巢牛仔丁
杭仁帶子丁
荔茸凰尾虾
蔥蒜香爆田鷄
翡翠海中寶
發財玉環瑶柱脯

脆皮羅付反卷
橙香牛柳脯

·煲仔時菜·

生菜葛脯魚球煲
棗厘鼓掌煲
煲仔砂煱魚
北菇家鄉牛展煲
荔芋沙鴨煲
一品上料海味煲
香蒜焼田鷄煲
原炆鮮羊牛

香芹炒帶子

當年時令小菜的菜單

粵式飲食術語

茶樓俗語

上世紀二十年代或之前，一般婦女不會到茶居飲茶，怕地方喧嘩嘈雜，三教九流。那時茶客找數，並無單據可埋，全憑樓面伙記點算枱上杯碟，然後以特有術語高聲「唱」出銀碼，例如「大細人開，一錢零八！」大細人就是指兩父子。其他還有「瓜」是四毫；「開嚟揸住」是五隻手指即五毫；「開嚟禮拜」即七毫；「孖四」即八毫；「彎」是九毫；「唔開胃」即淨飲茶錢雙計。此舉俗稱「唱數」，由茶客自行走到櫃面結賬。

男企堂和茶博士

香港的茶樓茶居到一九二七年才開始有女侍應，一直以來都只有男企堂，直到今天有少數的舊式茶樓酒樓，仍沿用男企堂，風格不變。昔日的男企堂，由招呼入座、開茶、沖茶、落單、埋單、執枱，一條龍做得妥當，由於經常拿著人頭大的銅水煲為客人加滾水，茶客戲稱為「茶博士」。

專業的茶博士為客人開茶會先洗茶，倒去盅裡的頭泡，然後蓋上茶盅蓋焗一兩分鐘，待茶葉出味才注入滾水；沖茶的手勢也有講究，熟手的企堂會稍為提高水煲，將滾水撞進茶盅，讓茶味更香濃，但決不能燙到客人，所以，要做茶博士也是要跟師傅學手藝的。

茶博士穿白色唐裝上衣配鬆身黑褲的功夫裝，腳踏黑布鞋，行動靈活，反應快速。每位茶博士都有一定的熟客，他們熟記客人的飲茶習慣，會預先把枱上的茶杯茶盅打開，為熟客預留座位，見熟客入店便會大聲招呼。這是為了展示廳堂裡自己的勢力範圍，也讓其他企堂知道他招呼的客人來了，他人勿近，因為客人給的貼士（小費）是企堂的重要收入。昔日熟客還會遞一支香煙給招呼自己的相熟企堂，以示熟稔，企堂會把「煙仔」夾在耳上，不會當時就抽煙。功夫裝加耳上夾煙仔，就是男企堂／茶博士的形象。

檳芥

昔日酒席上例設四小碟，稱為檳芥。兩個小碟是芥醬，兩個小碟是製煉過的檳榔，都不在菜單收費之內，另外收取大約等於酒席費的百分之二，屬於酒樓伙記的「下欄」收入。席上設兩碟檳榔，是表示主人對客人的尊敬。到了四十年代，隨著時代轉變，酒樓酒家席上不再設檳榔。七十年代，茶樓酒家實行統一收取加一小賬（百分之十），檳芥全免。

鱔稿

上世紀二十年代末，廣州四大酒家之一的南園酒家，在中環威靈頓街的分店，招牌菜之一是紅炆大鱔。活宰一條野生花錦鱔，重達五十餘斤，當日賣不完就會蝕本。南園酒家的司理為了促銷大鱔，拜托他的熟客《工商日報》港聞版編輯俞華山幫忙寫新聞稿，再由俞華山發放到《華字日報》、《工商晚報》等報章做宣傳，標題是《南園酒家又劏大鱔》，由於南園經常宴請各大報章的編輯和記者，報界中人借報章一角刊登促銷大鱔的宣傳文稿，作為回報，香港人將這種見怪不怪的宣傳手法稱為「鱔稿」。後來，鱔稿之風日盛，大量版面淪為免費宣傳地盤，各報社老闆下令禁止，一九三三年後南園酒家的鱔稿不再出現，惟「鱔稿」一詞流傳至今。

例牌、半賣、半例

粵菜中小菜所謂「例牌」，是以重量計算，每碟約七両，適合四人份量；「半賣」，意思是十二人用的酒席菜式中，單尾通常會上兩式飯麵，所以要調整份量為「例牌」的一點五倍，比足十二位用加大份量的一半多一些；而「半例」的份量是指「例牌」的一半，用於例如午市四人小酌，但單碟收費為例牌的三分之二。

「例牌」、「半賣」和「半例」三個粵菜專用名詞，由十九世紀起，在香港使用了超過大半世紀。上世紀八十年代「半賣」和「半例」逐漸少用，因印刷餐牌當時在酒樓飯店已普及，例如明碼實價寫著四至八人套餐，但不會說明份量；而炒一碟「半例」太費工夫，所以已不再通用，份量一律由最少的「例牌」起，沿用至今，多用於小菜和燒臘。據說個別傳統粵菜館至今仍有售「半賣」的粉麵。

為了證明「半賣」歷史悠久，讓大家懷舊一下，以下是一八九五年西環杏花樓在報章刊登的午市小酌菜單和價格：

港幣四元六位用菜單：雞蓉生翅半賣、小菜（任擇）四半賣、熱食兩個、冷葷兩個（皮蛋、蝦浙）、名茶六盅、點心一道、五柳魚一條；任擇之半賣菜式為：炒鴨片、炒排骨、炒生魚片、炒綿羊絲、炒蝦仁、炒響螺、豆豉魚、醋溜魚、切肉蟹、芙蓉蟹、京都溜王菜、杏仁豆腐、醋溜蟹、雜錦鴨羹、草菇川鴨片、冬瓜露、燉冬菇、雞蓉鯇魚頭、火腿冬瓜、雞蓉小燕、韮王燴鮑絲、海秋魚根、金銀鮮合、珍珠魚皮、蝴蝶海參、金錢冬菇、火腿榆耳、湯泡肚、炒滑雞片、炒薑芽鴨片；任擇半賣之飯麵：揚州炒飯、揚州小窩米粉或麵、瘦肉絲炒麵或米粉。

另外，一九四一年香港勝斯酒店推出「九大件」三十元宴席，有紅燒雞生翅、麒麟石斑件、上湯浸滑雞、原盅泡廣肚、蠔汁美鮑片、掛綠明蝦球、時菜扒全鴨、竹笙穿鳳翼、鮮奶一堆雪，單尾是上湯伊麵半賣、揚州炒飯半賣。

上湯與混吉

「上湯」一詞，最早見於清末民初的廣州，貴聯升酒家承辦滿漢全席時的一段讚言中，有一句「上湯清，憑肉液」。湯在古代，是指中藥材煮的湯藥或藥膳，但自上述的吹捧文章出現之後，「上湯」便泛指由多種肉類（包括豬肉、雞、鴨和火腿）以文武火熬製出來，用濾網隔去湯渣之後，供烹調時增加菜式鮮味用的清湯，隨後有「高湯」、「頂湯」、「二湯」和「火腿汁」等相繼出現。

在中國菜未被味精雞粉污染的日子，上湯是烹調時用來提鮮的普遍手法，未煮菜、先製湯，至關重要。除了粵菜的上湯外，歷史悠久的山東魯菜和河南豫菜，都非常著重以湯來烹調。山東魯菜的製湯歷史，比廣東老火湯還早了兩千多年；而河南人對製湯更是講究，分頭湯、白湯、毛湯、清湯，是衡量豫菜的標尺。

民國時期，省港粵菜酒家飯店招呼客人入座，企堂會先奉上清湯一碗，讓客人先暖暖胃，也顯示一下廚師的水平，但廣東人說話有避忌，故不叫做「清湯」而叫做「吉水」。這碗清湯通常是不收費的，當然有些名店是例外。

於是，在一些平民飯店，便經常有一些貪便宜的人，或者一些實在肚餓的窮人，裝模作樣在飯店坐下，喝完湯就馬上溜走。因為本來就是免費提供的湯，飯店也不便追究，行內稱之為「混吉」，後來就演變成用於形容人們的混騙行為。

硬嘢

上世紀二十年代，茶居、茶樓除供應茶和點心外，還於枱面或雙層枱面中間的鏤空位置放有硬盒，內備瓜子、糖椰角、花生糖、千家酥、鹹切酥等油器，所得溢利歸樓面下欄。這些零吃不常更換，以硬盒放置枱上，謔稱「硬嘢」。

戰後，茶居茶樓因衛生問題，枱上不再放置零吃硬盒。但「硬嘢」成為香港坊間俚語，視乎說話的語氣不同而有不同的解釋，有時形容某人很倔強、硬骨頭，甚至兇惡，一句「硬嘢」可讚可貶；而用來形容物件，卻是夠份量、很不一般的意思。

入席鐘與九子連環炮

上世紀四十年代，港九包括大同、金龍、中國、金城、英京及瓊華等多家酒樓酒家，每當客人大排筵席，便會於約晚上九時打「入席鐘」，請客人停止打麻雀，該入席了；還會在門前燃放一串數層樓高的鞭炮，街上行人紛紛駐足圍觀，這讓請客的主人感到很有面子。最誇張的是，昔日灣仔英京酒家的「九子連環」鞭炮鳴放時，經過的電車也要暫停；依照當時的俗例，一到酒家門口炮竹燒起，遲到的賓客即使過門亦不准進入。這個習慣在一九六七年政府立例全面禁止燃燒鞭炮後才取消，但打入席鐘仍會在宴會中沿用，提醒客人入席。

飛水與啤水

大多數生於斯長於斯的香港人，都是吃粵菜長大的。粵菜行內有兩個名詞是在中國其他菜系中沒有的，就是「飛水」和「啤水」；而這兩個名詞，也只有廣東廚師才會明白意思，而且要用廣東話來講才準確，如果用普通話來講就會令人莫名其妙了。

「飛水」是粵菜獨有的手法，有人叫「拖水」、「出水」，外省人則文雅地稱為「汆水」，都是用水灼至熟或七、八成熟的意思，汆的時間可隨不同食材而定。但廚師的「飛水」，在某種意義上並非一種烹飪法，而是粵菜烹調過程中預處理的一種。

「飛水」，其神髓是形容速度，在大沸水中一掠過，不讓食材煮熟，若是用「燙」字來代替都會覺得慢了。「飛水」是用於一些特定的食材，例如處理解凍的貝殼類；又例如炒通菜，如果直接入鑊生炒，炒熟後會變瘀色，如果先用水「飛」過再炒，就可保持翠綠，同時去掉草青味。

再說另一術語「啤水」，即舊時廚師稱為「渭水」或「漂水」。一九八七年，香港有一本雜誌《飲食天地》，在介紹一份食譜的文章之中，率先採用了「啤水」二字，來表述把「飛水」或灼熟之後的食材放在流動的清水中，以洗脫異味、異色、油脂、黏液，令食材更爽口的加工手法。在此之前，由於廚師行業都是師傅帶徒弟，言傳身教，「啤水」的「啤」本來可能有音無字。自此文之後，無論是香港或是廣州，所有的粵菜烹飪書及飲食雜誌，甚至廚藝學校，都將之寫成「啤水」，約定俗成，成為粵菜的一種加工環節的術語，這也算是香港的發明之一吧。

呃鬼食豆腐

春夏之交，市場上都會有藠菜出售，每年只會出現兩個月左右，不少年輕人都不認識它。「藠」，粵語正音應為「蕎、橋 Kiu2」，是一種叫做「薤白」的蔥科植物，「薤」普通話音為「泄 Xiè」，粵語正音為「械 haai6」。藠菜在春夏之間採收，適逢清明時節，所以民間又稱為「清明菜」或「拜山菜」。「特級校對」陳夢因是標準「廣東佬」，他在上世紀五十年代初的著作《食經》中，有文寫清明菜，講的是廣東人祭祖的「燒肉小炒」，材料包括藠菜、菜脯、豆腐膶和韭菜；此菜中的所謂「燒肉」，實為豆腐膶，是「呃鬼食豆腐」之所為。

每年農曆七月十四日盂蘭節，有人用豆腐作為祭品來拜祭，也有「呃鬼食豆腐」之嫌。另一個說法，「呃鬼食豆腐」原來是「呃鬼食道符」，豆腐是道符的諧音。豆腐本無罪，但無論哪一個說法，「呃鬼食豆腐」都是拆穿上當受騙的意思。

燒鵝的左髀右髀

常有人問，吃燒鵝你要左髀還是右髀？左髀是否好吃過右髀？

朱文俊曾經編撰過《走過六十年，鏞記》一書，當年鏞記老闆甘健成正當壯年，記性反應一流，兩人在某次傾談中，談到了燒鵝左髀右髀的起源。上世紀七十年代以前，香港未有廉政公署，公務員貪污問題嚴重，例如有所謂「有水放水，無水散水」的情況（發生火災時，消防員到場第一時間便向災戶收取開水費，假如沒有足夠的開水費用，消防員便會拖延救火工作）；同時，當年香港政府設立發牌小販及大牌檔制度，好讓孤兒寡婦可以自力更生，但同時亦衍生出噪音、衞生、阻街等問題。這些問題都需要多個政府部門去執法維持，而警隊是最大機會接觸到這些群眾的執法部門，因此更是上下其手，對這些小販商戶「奉旨」勒索。但由於各個部門不相統屬，有時會發生重複「收水」（收錢）的問題，令小販商戶跟執法人員經常發生衝突。

⊙　砵甸乍街，斜路左側可見鏞記酒家招牌。（提供：張順光先生）　⊙

據說直至有一天，一個交通警員去到一家大牌檔「收水」的時候，意外地解決了這個問題。他在大牌檔坐下，順便要了碗燒鵝髀瀨粉，但其實大牌檔東主剛剛才付了「清潔費」給另一更的紀律人員，但又不敢直接拒絕這位警員，便只好婉轉地說：「阿 sir，呢隻燒鵝髀肉滑唔滑呀？」（燒鵝腿肉夠嫩滑嗎？）警員不置可否地表示：「唔錯吖，幾滑！」大牌檔東主連忙說：「梗係啦，阿 sir 呢隻係左髀呀！」（當然啦，這隻是左腿呀），然後再加重語氣講多一句：「左髀呀！」警員從東主七情上面、咬牙切齒不停強調的「左髀」中，終於明白到原來東主想說的是：「畀咗！」（已經給過了！）

第二章

粵菜食府演化

- 營業範圍的楚河漢界——從茶寮、茶居到酒樓酒家
- 經濟實惠的平民恩物——大餅館與晏店
- 海上鮮就得在海上食——花尾渡與海鮮舫
- 市區以外的食肆生態——昔日新界的茶樓酒家
- 香港第一家——飲食界的創新先行者

營業範圍的楚河漢界
——從茶寮、茶居到酒樓酒家

明永樂年間，廣州開放對外通商，當時廣州的飲食娛樂，都集中在西關一帶，更向西輻射至佛山地區。當時的佛山，佔著西江水利之便，成為水路交匯的樞紐，商務繁榮，佛山與漢口鎮、朱仙鎮、景德鎮並列為當時中國的「四大名鎮」。明清時期，廣州人甚好飲茶，這與悠久的南方絲綢之路茶葉貿易有關，而且喜歡「嘆」靚茶，對普洱茶的貯存尤其講究。清咸豐年間，廣州的茶居多為舊式磚木建築，皆由餅餌店發展起來，嘆盅茶食件餅，稱為茶居。

相比於廣州，香港的飲食起步較晚，十九世紀香港的民間飲食，以茶寮、茶居等經營為主。深受廣州的影響，一八四〇年代中期香港開埠之後，基本上與廣州飲食同步發展。

據說茶寮的最早來源，是因過路的人需要借茶問路，居民便撐起簡單的檔口，發展成有茶及輕食供應的茶寮，漸漸形成風氣，是勞苦大眾飲茶吃食和休息聊天的場所。茶寮多建於郊區及山邊木屋區，只做早茶和午市，做的是附近居民的生意，擺放幾張枱凳，廚房設備簡陋，茶葉是粗茶，但因採用山澗水沖茶，茶水入口清甜而受歡迎。茶寮的經營形式多存在於新界各區，例如現存的大帽山端記茶樓，雖稱為茶樓，但原屬郊外茶寮，提供點心，創於一九六五年，營業至今都奉行自助，無論找座位、沖茶、取點心，毋須招呼，茶客均十分禮讓和自律。

茶居分為高檔和低檔次兩類，高檔的茶居設在市區樓的二樓，樓底高而樓面寬敞，設茶水櫃擺放茶葉，任由客人自助選茶和沖水，或由熟客自備靚茶葉，點心由男工叫賣；低檔次的茶居，又稱地踎茶居，茶水全自助，點心亦可自取，吃完按籠計算。市區的茶居直到六、七十年代仍然存在，例如大坑東木屋區、雞寮木屋區、茶果嶺，以及多區的臨時徙置區。

清中葉乾隆二十二年（一七五七），廣州再次成為唯一的通商口岸，至道光二十年（一八四〇）有八十多年的繁盛時期。到了清光緒年間，佛山商人的資本大量湧入廣州，建了一批三層高的商業樓，開辦名副其實飲茶吃點心的「茶樓」。茶樓是指開設在高三四層的建築物內，全幢由同一家字號經營的粵式食肆。民國時期，隨著人們的生活習慣逐漸改變，迎來了茶樓酒樓的百年黃金歲月。

廣州飲食界的佛山商幫，從一八四〇年代開始南下在香港投資茶樓，對港穗的飲食文化發展，居功至偉。大批原籍順德的廣州粵菜廚師，隨著佛幫的酒樓字號移居香港，為香港培養出一代又一代的粵菜廚師，而直至上世紀八十年代，香港很多粵菜名廚都是原籍順德，或者是曾經師從南下的順德名廚。一八四六年廣州商人在西環投資香港第一家茶樓「杏花樓」，此後廣佛商人紛紛來港投資茶樓。樓高幾層而有獨立門牌的粵菜食肆，跟隨廣州的風俗，不稱茶樓而稱「XX樓」，以示高級和店鋪規模大，例如杏花樓、宴瓊林、敘馨樓、探花樓、三元樓、觀海樓、第一樓等等。一九〇六年西環金陵酒家開業，老闆馮儉生是風雅之士，每兩個月便在金陵舉行畫展；「酒家」之名源自古詩「夜泊秦淮近酒家」一句，從此業界紛紛仿效，香港出現了很多家稱為「酒家」的粵菜食肆。

一九一〇年代的茶居、茶樓與酒家，經營方式不同，是兩個不同的行業。茶居和茶樓是茗茶和提供點心，早市由早上六至十時，下午三至五時為晏市，不做晚市；酒家最初是專門做晚市筵席，傍晚六時開始營業。兩個行業分屬各自工會，本來相安無事，直至一九二〇年譚傑南的廣州陶陶居開業，既設有茶樓的餅櫃，又有酒樓標誌的低櫃，並覆蓋茶樓、酒家的經營範圍，在中午十一時至下午三時兼做午市，為此引發了一場茶居工會與酒家工會的械鬥事件，陶陶居被迫一度停業。事件平息之後，經各方同意，「茶樓」、「酒家」各取一字，稱為「酒樓」，有茶市點心，也有賣燒臘，同時主打飯市和筵席，由朝做到晚。

二十年代，介乎茶樓和酒樓之間，省港澳曾出現了茶室，但只是曇花一現了十多年。茶室適合有閒階級或做晚間工作的人，例如官商遺老、富二代、伶人、報社老總，因待到他們起床，茶樓早茶已收市，茶室正是為這些夜貓子斯文人而設。他們淺斟靚茶，稱為「啷口」（嗽口），以調整夜間的身心疲憊；或約朋友小聚，不趕時間，在茶室吃個「細晏」，甚至直落晚飯，慢慢坐到願意開工。茶室會在茶樓做完早茶之後才開門，環境比較安靜，水滾茶靚，點心不會叫賣，而是由企堂落單，即叫即蒸，新鮮熱辣；中午也設飯市提供小炒和粉麵飯；晚市也是做小酌，不做宴會。茶室的點心精細別致，用料上乘，例如「娥姐粉果」就是始創於廣州的茶室。香港著名的陸羽茶室，可能也是取其環境優雅和點心精緻之意。

七十年代佔據兩三層唐樓的舊式茶摟，陸續被拆卸改建成高樓大廈，市區的舊茶樓、茶居、飯店等急速減少及消失。舊式茶居式微，部份轉變為酒樓酒家，大型酒樓相繼出現，不少廣州的粵菜廚師抵港交流或移居香港，經營者也由家族式經營逐步轉為集團式制度管理。從此酒樓、酒家、飯店的概念開始分開，酒樓是指可辦婚嫁宴會的大型食肆，酒家以點心和晚飯為主，而飯店則午晚餐都提供小菜。新派酒樓大量開設形成強烈競爭，由於酒樓宴席與包辦筵席的價錢相若，客人改到酒樓設宴，包辦筵席的館子生意下滑，很多改為經營高級酒家酒樓或小菜館。

經過近大半個世紀，現在香港基本上不再細分為茶樓、酒家、酒樓，雖然名稱有別，都同樣是綜合性的模式，營業時間各自制定。

經濟實惠的平民恩物——大餚館與晏店

大餚館

清代廣州豪門巨宅都有家廚，像「江太史」江孔殷的太史第有私廚主政的不多，百姓大排筵席或正式宴客，多光顧大餚館到會。所謂大餚館，等於昔日北京包辦紅白二事筵席的飯莊，有不掛招牌或掛招牌的。掛招牌的大餚館，多辦代庖（客人來料加工）的筵席，取價較廉的有堂字號飯莊；不掛招牌的大餚館，賣的是廚師的名號。

大餚館在上世紀二、三十年代盛行於廣州，香港承襲風氣，同年代開設有不少間大餚館。大餚館在香港的定位，是比酒家收費廉宜、「大件夾抵食」的中菜館，可以擺酒或承辦到會，又稱包辦筵席館，到會時帶齊所需廚具甚至爐具和食材上門烹製；最小型的到會是只提供食材，到客人家中烹調。

與晏店不同的是，大餚館只做晚市酒席，不設散座堂食。在大餚館擺酒的多是一般市民和勞苦大眾，包括升職、婚宴、納妾、壽宴和滿月酒，酒席擺多少圍無任歡迎。大餚館不少是設在舊樓店舖的大閣樓，主人家和客人都要爬樓梯，一些閣樓大餚館可以筵開十多席；也有打通住宅單位的間格來做酒席的。大餚館沒有講究的裝修，客人甚至要坐摺凳。

在大餚館擺酒不算很體面，好處是價錢豐儉由人，菜餚份量大，大魚大肉斤両足，保證吃得飽，適合當時未能在正式酒樓擺酒的平民百姓。由於大量戰前舊樓拆遷改建，加上政府收緊食肆牌照條例，香港的大餚館在一九六〇年前後絕跡，或改為菜館、酒家。

晏店

「晏」字意思為日出之後大陽高高升起，在古代農民社會中，百姓清晨日出而作，到了太陽差不多照頭頂時休息吃食。相對於早餐，午餐是遲一些才進食的，所以廣東話「晏」的另一個意思也解釋為「遲了」。

一八九〇至上世紀四十年代，香港有不少晏店。晏店源於清末民初的廣州，流傳到香港，是中午營業的廉價飯店。由於當時的茶市在清早開門，午市後三時收舖，而要上班的人們沒有時間去嘆茶吃點心，於是出現了專做午市的「晏店」，是上班族和勞苦大眾吃午飯的地方。

晏店與其他食店不同之處，是不會賣粥粉麵，只賣米飯、炒飯和煮炒餸菜，也供應雙蒸之類的普通酒。晏店的「大晏」是一大碗飯，賣一分錢，「小晏」是小碗飯，賣四厘錢，菜餚由二分四至三分六錢不等；一九一〇年代上環禧利街有一家晏店叫溢記，拿手招牌菜是揚州炒飯，也分大碗和小碗；中環同文街的燕賓樓，午間的炒豬肉、牛肉和魚肉炒粉，大的三分六，中的二分四，炒芽菜粉賣一至兩仙。

晏店不事裝飾，門前掛著雞、鴨、鵝和豬牛肉，盆中陳列著魚、蝦、蟹，各式炒煮俱全。晏店一般用杉木枱凳，竹木筷子插在枱上的罐中，任由顧客自取。晏店供應平民粵式小菜，例如南乳扣肉、芥蘭炒牛肉、大馬站煲（蝦醬煮燒腩豆腐韭菜）等，以隨意小酌吸引食客光顧，食客十之八九是勞動階層。

三十至四十年代大戰前，受廣州風氣的影響，部份晏店為了區別於檔次較低的地踎店而裝修門面，易名為飯店或酒家，經營午市及晚市生意。

荷李活道的萬馨記，招牌上是酒家，其實是平民大餚館或大晏店，著名的是炒滑雞、煎蝦碌、炒生魚片連湯，每碟一毫幾兩毫。

在石塘咀的珍昌酒樓，老闆是伊斯蘭教徒，戒吃豬肉，著名的菜式有一角錢的大碗炒麵和雞雜麵，更有六毫子一打的掛爐鴨尾巴。位於皇后大道中萬宜里的味馨樓，供應一元四味以至三元九味的廉價小菜，顧客為附近的街坊和士商。在九龍區有尖沙咀的娛樂園和隆盛，油麻地的兄弟、合記、源來居、文園、美珍樓、金元、新祗園和桃香園，旺角的鴻發、福祿園、浩珍和三妙，深水埗的奕樂園、佛笑園和生香園等。

戰後，所有晏店改為小菜館或飯店，晏店這個食肆名稱，在五十年代初完全消失，但港人至今仍稱吃午飯為「食晏」。

海上鮮就得在海上食——花尾渡與海鮮舫

「花尾渡」是上世紀二十年代航行於珠三角內河的大型客輪，一般有上、中、下三層，裝修美輪美奐，船體本身沒有動力，依靠拖船航行。

一九三八年日軍侵華，廣州淪陷，兩艘行駛於番禺和江門的花尾渡被迫停業，被拖至香港，泊於香港仔。這兩艘花尾渡的公司覺得渡輪生意復航無望，又見海鮮菜艇生意興隆，便與酒樓業界合作，將花尾渡改裝成水上海鮮酒家，廚房艇泊於船邊操作，另一隻艇用來做貨倉和放海鮮吊籠。由於渡輪從此鎖住不再航行，像艘固定的平底躉船，所以也有人稱為「花尾躉」。由於船身穩固安全，裝修精美，吸引了不少香港有錢人光顧，這就是海鮮舫的雛形。

最早期的「歌堂船」或「歌堂躉」，是由香港的漁民合資購置木造平底躉船，作為婦孺上課、用餐等日常活動的漁民禮堂，其餘時間亦用作曬製漁獲，漁民遇有紅白二事，便會租借此地方招待親友。在港府海事處的登記冊裡，將「歌堂船」稱為「禮舫」。一九二九至三〇年已登記的「歌堂船」有九記和合記。

早期的「歌堂船」以木製小艇經營，只有一層，後來加建至兩層，有些改為鐵船。「歌堂船」最初只接受漁民水上人預約包辦喜宴酒席，後發展為開放接待岸上市民，正式經營船上海鮮酒家。據稱出現這變化的原因是因為「歌堂船」停泊的海面，鄰近當時鴨脷洲的公眾墳場和香港仔華人永遠墳場，不少市民均會在完成喪葬儀式後，坐駁船到「歌堂船」吃飯。

二次大戰後，「歌堂船」發展已相當蓬勃，並隨著戰後資本南移，南北商人客源增多，逐漸演變為海鮮舫。當年一般市民不容易吃到游水海鮮，到香港仔的「歌堂船」享用即席烹調的海鮮，這種形式和場地漸漸受到市民歡迎。

一九四五年開業的「漁利泰」本來是一艘傳道船，之後改為「歌堂船」，停泊於鴨脷洲海面，五十年代再改裝為海鮮舫，是香港第一代海鮮舫之一。海鮮舫是一種以船舶固定在海上經營的特色餐飲場所，以提供粵式海鮮酒席宴會為主。另一方面，各區避風塘的海鮮菜艇，雖然同樣是在海上經營餐飲，但做的是小菜炒煮生意，與海鮮舫的宴客菜式不同。

五、六十年代，香港仔避風塘的海鮮舫一度有十多艘，著名的包括漁利泰、全記、福生等，當中規模最大的是太白海鮮舫，由一艘退役的木製登陸艇改裝而成，於一九五〇年開業。一九五二年改建成長一〇五呎的鐵船，一九六〇年再建造長一百五十呎、三層高的新船，在一九六一年七月投入營業，能容納八百多人，船上如「歌堂躉」般設舞台表演。

一九五八年七月開業的海角皇宮海鮮舫，外形仿照北京頤和園的石舫，船長一百二十呎，闊四十呎，樓高兩層。至一九六一年八月，加建一艘海角皇宮金鑾殿海鮮舫，擴大規模。

一九六八至六九年，太白海鮮舫老闆王老吉集資籌建一艘規模更大的海鮮舫。但不幸在一九七一年十月三十日，即開業前六天，新建的珍寶海鮮舫發生四級大火，整艘船嚴重焚毀，導致三十四人死亡、四十二人受傷。王老吉無力重新投資，於是由富商何鴻燊和鄭裕彤合資買下業權，一九七二年開始重新建造。

經過四年時間，耗資三千餘萬元，一九七六年十月珍寶海鮮舫落成開業，船長七十六米、寬二十二米、高二十八米，排水量達三千三百噸，面

⊙ 初期的太白海鮮舫（提供：阮志博士） ⊙

⊙ 珍寶海鮮舫（提供：張順光先生） ⊙

積四萬五千平方呎，可同時容納二千三百名賓客，當時有「世界上最大的海上食府」之稱。這裡的菜式有七成以上是海鮮，舫上置有大型海鮮池，蓄養生猛海鮮六十多種。顧客可以親自挑選海鮮，讓廚師按照要求烹製出百多款佳餚。除了海鮮，珍寶海鮮舫也提供點心、粵菜及其他菜式。

珍寶海鮮舫的廚房設於一艘獨立的躉船上，以架空跳板橋連接海鮮舫各層。一九九六年，珍寶海鮮舫斥資一千八百萬元，在廚房船旁邊建造大型污水處理躉船，以處理排出的廢水。

一九七六年，海角皇宮完成擴充，可容納一千五百人，成為珍寶海鮮舫的有力對手。珍寶海鮮舫於一九八〇年收購太白海鮮舫，一九八二年收購海角皇宮（至一九九八年停止營運），結束互相競爭的局面。

二〇〇三年下半年，珍寶海鮮舫和太白海鮮舫合併，重新裝修，並合稱珍寶王國。二〇二二年，珍寶停業，離開香港後在南中國海沉沒。太白海鮮舫至今仍停泊在香港仔避風塘，有接手的公司曾在二〇二三年宣佈修復計劃，但至本書出版，未見營業。

六十至八十年代，沙田有「沙田畫舫」，以海鮮聞名，吸引本地居民及外國遊客光顧。畫舫由一艘鐵躉船改建而成，自一九六三年起停泊於沙田海近沙田墟一帶（今新城市廣場附近）。隨著七十年代沙田新市鎮建立，沙田海不斷填海，畫舫因而被迫多次遷移，在禾輋邨對出、沙田何東樓（現時港鐵何東樓車廠）對出等地停泊，但未有離開沙田範圍。由於船位是租用的，每次移動畫舫都需動用躉船，同時要重新接駁電線和水管，使遷置費用十分昂貴；加上畫舫負責人多次向港府提請固定船位的協議未能達成，最終在一九八四年結業。

一九五二年，第二代太白海鮮舫建成，並於六十年代遷移到青山灣（青山公路十九咪，容龍別墅前）營業，後因六、七十年代屯門及青山灣大型填海工程而結業。

沙田畫舫
新年大貢獻　特價
$100.00
海鮮鵲局菜
到奉 (1)伊麵或魚茸粥 (2)甜品或咖啡 (3)生果一度
四菜一湯　炒飯半賣
免收牌租　免收加一　免茶檳芥
有玩有食　最佳享受
定座電話一式六一五三〇三朱強洽
六一三式式一劉淦光洽
上午十一時至深夜十二時
交通方便　大小巴士直達

⊙　一九七八年一月十四日，沙田畫舫於《星島晚報》刊登的廣告。　⊙

市區以外的食肆生態
——昔日新界的茶樓酒家

一九四〇年前，新界地區尚未發展，酒樓食肆不多，一般都是小型而簡陋的茶寮，供鄰近的居民歇腳及聯誼，最大者僅容十餘張四方枱（八仙枱），每枱設有長板凳四張，每張兩人共坐，八人一席，鄉人擺酒亦用該種枱凳。每日設有三市，早市於天未光前開始，供應茶樓點心，顧客多是往來客商、街頭小販及寄宿於區內之人，午市的顧客，多數是從他鄉遠道而來趁墟者，夜市則以投宿者及有閑之夜遊人為主，而非在當地有住家或店舖的人。新界早期的小型茶樓飯店，多數做零星食客生意，鄉人為保存傳統的熱鬧氣氛，無論婚姻嫁娶、生日華誕、彌月薑酌，都在鄉間舉行。

一九三八年，沙田龍華酒店開業，採園林亭園式設計，以沙田乳鴿著名。三、四十年代，大埔區的酒家有綺雲樓、新界樓、小孟嘗酒家。一九四六年大埔有靖遠街的綠野僊館、安富道的南園酒家。

⊙ 三十年代新界一處平民食肆（提供：高添強先生） ⊙

⊙ 時值太平清醮，新界酒樓在戶外大排筵席。 ⊙

五十年代，大埔有南園、東坡樓、機記酒家、四喜酒家、七喜酒家、嶺南酒家。元朗有大馬路的榮華酒家、恆香茶樓、恆樂茶樓、龍祥茶樓、青山公路屏山段的好所在酒家。上水石湖墟有石湖花園酒家。一九五一年有屯門青山公路容龍別墅、荃灣的大三元、沙田的楓林小館。一九五八年深井裕記燒鵝飯店開業。

六十年代，新界進一步發展，較大規模食肆開始出現，計有古洞的錦益茶樓，元朗大榮華酒家、龍城酒家、龍祥、慶年華、好相逢，新田的泰園漁村，流浮山的裕和塘、大嶼山東涌的東昇樓等。大埔的德發茶樓，樓高兩層，地面鋪了細格地磚，中央放置圓枱，兩邊是卡座，小菜和點心的價格都寫在掛於牆身的膠板上。茶樓有早、午、晚市，經濟實惠，主要做街坊生意。

香港七十年代經濟蓬勃，新市鎮全面發展，新建樓宇令具規模的酒樓數目大增，有一九七九年開幕的元朗大酒樓和有「鄉紳飯堂」之稱的元朗嘉城酒樓。荃灣的新界大酒樓面積三萬平方呎，足夠筵開百席，客人主要是新界居民、鄉紳官商。

香港第一家——飲食界的創新先行者

第一家兼營冰室的茶樓

上世紀二十年代開設的一笑樓位於中環，是一間茶樓兼冰室，樓高四層，中外客人可同時品嚐到羊城美點、粵式粉麵、中西菜式、蛋糕餅餌、汽水及冰淇淋，亦有銷售嫁娶聘禮等。一笑樓屬於上等茶樓，茶價有一分兩厘和兩分四厘兩種，點心一般是八厘一碟，每碟兩件，客人也可以只吃一件，算四厘。一笑樓是二十年代該區少數不靠「花酒」而著重於飲食的食肆。一笑樓除了酒樓生意之外，還兼做旅店生意。

第一家有女侍應的茶樓

一九一〇年代之前，茶樓侍應被稱為企堂、茶博士及揸水煲，全為男性員工。一九一〇年，西環第四街一家由陳珠母女開辦的女子茶室，開創由年輕女侍應招呼客人的先河，吸引了很多男顧客去飲「大姐茶」。因為生意好，有茶樓仿效，包括高陞茶樓，把茶樓女侍應稱為「茶花」。衛道之士抨擊茶花之設，更入稟華民政務司，要求禁止僱用女侍應，因受到輿論壓力，女子茶室終於被禁。一九二一年，武彝僊館和嶺南茶樓聘用女侍應，導致茶樓僱員組織（西家行）「茶居行鴻泰工會」的成員罷市，要求各茶樓限制僱用女工，以及要求加薪。

一九二五年省港出現大罷工，由於招聘不到男服務員，嶺南及武彝僊館等茶樓僱用女侍應作招徠，之後各茶樓便爭相仿效。一九二六年十月，為期一年四個月的省港大罷工結束，各行各業恢復正常運作，部份酒樓酒家聘請穿織錦旗袍，配以時髦髮型的女侍應，稱為「女招待」。一九二七年，永樂街如意酒樓聘用年輕女招待，被黑道中人「三十六飛天虎」當街毆打，繼而收到勒索信。魯迅閱香港報章得知此事，發表《匪筆三篇》一文作出評論，令事件舉國注目。女招待的出現引來衛道之士不滿，但禁止之聲遭政府否決，後有西報記者訪問茶樓女招待，稱之為婦女先鋒，中文報章紛紛附和，聘用女招待的風氣漸成常態。

香港第一家女子茶室

一九二六年四月二十二日，《香港工商日報》的〈茶樓品茗錄〉記堅道有一家茶香室，是「廣州十大茶室」茶香室的香港支店，也是香港第一家「茶室」。茶室的規模比茶樓小，但無茶樓茶居的雜亂喧鬧；枱邊長備熱水，供人客自助沖茶，備有點心單供人客點餐，食制精研，不時不食；點心即點即製，要蒸要煎要炸，可按喜好客制化處理；結帳按單收費，少了茶樓茶居埋單唱數的喧鬧。四月二十四日，中環天上天茶室啟業，於天台設有遊樂場。同年十一月，歌姬翠彈巧玲開設翠巧茶室，除廚子為男職工外，其餘盡由女職工充任，夕間並由翠彈巧玲度曲，開創女子茶室的先河。

第一家有活魚魚池的酒家

酒家的魚池為粵菜所創，最早見於清末民初時期，當時的設備簡陋，只用水泥和磚建成，只能放養一些要求不高的塘魚，如鯇魚、鯉魚、生魚（烏魚）之類。上世紀三十年代在灣仔開業的新亞怪魚酒家，三樓外牆繪有泅水銅人及多種魚類的壁畫，門口設有玻璃大水箱，用稱為「科學方法」（氣泵）的魚池蓄養活海魚。六十年代，酒樓設海鮮魚缸的做法普及全港，並在八十年代傳入內地粵菜菜館。

第一代私房菜

香港第一代私房菜，是上世紀四十年代港島石塘咀的幾間私人俱樂部，當時並未有「私房菜」之名。其中，「居可俱樂部」由幾位香港知名人士合資創辦，是一家隱世私房俱樂部，只設十一個座位。香港未淪陷前，廣州江孔殷太史第的末代家廚李才，曾主理居可俱樂部的廚政，以精於製作蛇羹見譽於食壇，當時到過居可的客人，幾乎都嘗過最佳的蛇饌，稱為太史蛇羹；居可還有太史豆腐、太史田雞，鮑魚扣果子狸等名菜。五十年代，恒生銀行利國偉聘請李才，為恒生博愛堂做主廚，宴請銀行的大客戶。

李才的堂侄李成，師承李才的時間最長，綽號崩牙成。李成開始時做到會，後來在固定場所做私房菜，只做熟客生意，每日開一席，間中休息。時間久了，熟客數量足夠，便不再接受新客。崩牙成對食材的把關幾十年如一日，九十高齡仍親自去市場買菜，他最著名的菜式是炭爐做的魚翅和鮑魚。崩牙成去世後，由他的兒子掌廚。

李才的另一位徒弟李煜霖，跟隨李才時間不長，他一九六七年進入恒生博愛堂，前後三年時間，至李才去世。李煜霖離開博愛堂之後曾移民外國，二〇〇〇年初回流香港，有一段時間在西營盤包了一家廣源茶餐廳做私房菜，及後被聘為中環國金軒主廚。

第一家等位「輪籌」的酒樓

以前的傳統茶樓是讓客人入內即場找座位，不設排隊，食客快將結賬之時，身後每每有多人站著等候，佔據有利位置「搶位」。熟客會以小費收買企枱員工，以開茶位作為「霸位」，使得場面更混亂。一九七一年首家美心的粵菜酒家翠園在星光行開業，由名廚王錫良主理，引入了「中式食品，西式服務」的概念，建立中菜標準化制度，以「輪籌」方式讓客人等位入座，為業界大小酒樓紛紛仿效，成為一般酒樓的規矩。

第三章

香港的味道

- 煲仔菜與煲仔飯
- 燒味與臘味
- 海味街與鮑參翅肚
- 陳塘風味與香港艇菜
- 廚出鳳城——順德菜在香港
- 消失的食材
- 百年粵菜筵席菜單

煲仔菜與煲仔飯

枝竹羊腩煲

煲仔飯和煲仔菜，在香港已流行超過大半個世紀。清代屈大均在《廣東新語．卷十一》中說「廣州凡物小皆曰仔」，廣東話中有碗仔、碟仔、煲仔。煲仔飯和煲仔菜的煲仔，即有耳的小瓦罉，大的、有柄的叫做沙煲。

二十世紀初，中西區至西營盤沿岸有很多碼頭和貨倉，德輔道中對開是內河碼頭，廣州、湛江、澳門等地來的船隻均停泊在此卸貨，有大量苦力搬運工在此謀生，附近南北行有不少來自內地的商人和揹客來香港做買賣。人們的日常生活對廉價餐飲食肆有需求，以至附近的大牌檔生意興旺，西營盤水街與三角碼頭附近的修打蘭街，是大牌檔集中地，而九龍的油麻地、旺角、深水埗，圍繞著這幾個碼頭附近的街道，也是大牌檔林立。

秋冬天的大牌檔，會在旁邊設一列小炭爐，供應香氣撲鼻、熱呼呼的煲仔菜和煲仔飯，深受食客歡迎，也大大減輕了廚師炒菜的工作量。

煲仔上菜方式有兩種，一種是帶炭爐上枱加熱的，類似打邊爐（火鍋），可以由客人後加蔬菜在煲中同煮以入味，例如枝竹羊腩煲；另一種是在廚房爐頭燒開了拿去上桌，在客人面前打開蓋吱吱作響，這種的菜式就更多了，例如啫啫豬膶雞煲。煲仔菜帶稠濃汁水的，例如八珍豆腐煲；或帶生滾湯水的，例如生菜鯪魚球豆腐煲；也有乾鍋式的，例如薑蔥魚雲煲。

上世紀七、八十年代，煲仔菜成為粵菜時尚，由街邊大牌檔到酒家酒樓都做煲仔菜，有很多菜式一年四季都用煲仔上桌，以保持菜式的溫度。酒樓的貴價煲仔菜有：煲仔翅、蟹黃翅煲、鮑魚雞煲、鮑魚海參煲、蒜子山瑞煲、粉絲蟹煲等等；一般粵菜食肆常見的有：豉汁白鱔煲、海鮮雜菜煲、南乳豬手煲、涼瓜排骨煲、柱侯牛腩煲、火腩茄子煲、芋頭扣肉煲、薑蔥鯇魚煲、鹹魚雞粒豆腐煲、紅燒斑腩煲、蒜子鮋魚煲、魚腩茄子煲、荔芋臘味煲、北菇鴨掌煲、腐竹豬肚煲等等。

煲仔飯是煲仔菜的伸延，在電飯煲並未流行的年代，煲仔飯是香港平民老百姓的至愛，家裡吃飯的人多，一煲完事。煮煲仔飯傳統上是用瓦罉，最好是用炭爐，飯焦會更美味；如果是用電飯煲，可照正常的方法煮飯，半熟時再加料，那就叫做「有味飯」，兩者都是很多香港人兒時的回憶。

因為煲仔飯本身沒有味道，材料會選擇惹味的臘腸、臘鴨，瑤柱、鹹魚和蝦乾，以及新鮮的肉片、排骨、雞、牛肉和水產。香港流行的煲仔飯有：窩蛋牛肉煲仔飯、豉汁排骨煲仔飯、鹹魚肉片煲仔飯、臘腸雞煲仔飯、魷魚肉餅煲仔飯、黃鱔焗飯、海味臘味飯、豉汁白鱔煲仔飯、蝦乾魷魚肉片煲仔飯等等。

煮煲仔飯的米，煲前要用水浸過，加適量水用猛火煮飯，煮至差不多收水出現飯洞時，就可以放入生料，小火焗一會讓飯水收乾，再放在炭爐上或熱鐵板上焗透和烘出飯焦，這時配料也熟透了。有餸有飯，整個時間大約只需二十五分鐘。香港以前有不少專做煲仔飯的食肆，在門前設一列小爐，有師傅專負責煮煲仔飯。店舖會預先浸好一大籮米，並用滾水煮飯，

鹹魚肉片煲仔飯

時間會縮短很多。不過，隨著時代改變，加上租金高企，市面上這種消耗人力而利潤不高的煲仔飯食肆，越來越少了。

燒味與臘味

起源

在香港各種琳瑯滿目的食品當中，燒臘是地道美食之一，廣受市民及各地遊客的歡迎。茶餐廳和街道上的外賣店，都有燒味臘味出售，可見燒臘跟香港平民大眾的飲食習慣不可分割。

燒臘，涵蓋燒味和臘味兩個大類，為工藝不同的兩個行業，有專賣燒味的店，也有專賣臘味的店，部份香港傳統的燒味店秋冬兩季亦兼售臘味，所以俗稱為燒臘。香港街頭有眾多售賣燒味的店舖，市民大眾一般稱呼為「燒味店」或「燒臘店」。

自一八四〇年起，已有燒臘店和攤檔陸續在各市場附近的街巷開設，包括中西區的皇后大道、荷李活道，灣仔的交加街及灣仔道。一九〇九年的報章中刊登了皇后大道西一號的「有合記」燒臘店廣告。一九一〇年代在石塘咀風月區有一家以掛爐鴨馳名的珍昌酒家，以及一家吳蘇記燒臘店，不少去妓院「打水圍」茶敘的恩客亦會品嘗燒味。當時已有一家位於上環的光華軒棧，辦運「罐頭油浸南安鴨」往美國。

燒味源於廣東，流行於珠三角、香港、澳門等地區，為粵菜中一種燒烤食品。明清時期，燒烤食物成為宮廷御宴及京城宴席的菜式，並作為宴席的頭盤出現，特別是在「滿漢全席」上，烤乳豬和烤鴨被列為「雙烤」，亦是第二次擺枱的首菜。清末民初，為躲避八國聯軍入侵，一些北方著名廚師南下廣州，帶來了本是「京都之味」的燒烤，被粵菜傳承並創出新花款，辛亥革命後，廣東式燒烤正式編入粵菜。

二、三十年代，廣州的大酒樓紛紛進駐香港，南遷到香港的廣東燒味廚師，秉承了廣州燒鹵類食品的傳統技巧，於香港落地生根，因應香港的環境、食材以及東西匯聚的特色，製作出色澤鮮明，味美甘香的燒味，漸漸擺脫舊有的廣東風味，蛻變成香港特有的燒味風格，成為「港式燒味」，更拓展到世界上有華人聚居的地方。

二十年代，燒臘舖不能同時賣生豬肉，因為會侵奪街市肉枱的權利；

位於德忌笠街的瑞益燒臘因此被罰二十五元。

燒味是粵菜中的主要類別，大小酒家的菜單中都有燒味選項。製作燒味的材料通常為豬和家禽，茶樓飯館更以「燒肉、叉燒、燒鵝鴨、油雞切雞」為四大天王。同時售賣的還有鹵水食物，分白鹵水（墨魚、燶蹄）和黑鹵水（潮式食物）。

由日常果腹的燒味飯，到拜神祭祖的燒大豬、白切雞、喜慶酒席頭盤用的大紅脆皮乳豬和燒味等，也與市民的生活息息相關。因為有固定的市場需求，所以在不同的中式食肆都有燒味。

六、七十年代街邊燒臘店，價錢親民，顧客以基層為主。傳統的老式燒味店，為香港的燒味界打下了堅實的基礎，亦成功讓燒味在香港社會普及化，不但高級的酒店飯店有發售，在街邊檔等平民生活中，亦可以找到由「下欄」食材重新製作而成的經典燒味。以低成本的材料製作出美味菜式，是香港特別的燒味文化。

酒樓的粵式燒味部門，在廚房中一直被稱為「低櫃檔」，烹製油雞、燒鴨等食物。七十年代，部門開始被酒樓重視，改稱為「油雞檔」，發展成專門負責，並兼做粵式鹵水，故燒味又稱為「燒鹵」。八十年代開始，部份大酒家的「油雞檔」改稱為「燒味部」，亦有仍稱為「油雞檔」。

豉油雞、白切雞

豉油雞，無論在酒家食肆或燒臘店都是最重要的食品，雞的價錢比鴨鵝平，所以受大眾歡迎。上世紀初，香港塘西酒家林立，其中一家在鹵水中加入少許玫瑰露酒，在把雞慢煮時加入用糖醃過的玫瑰花瓣，稱為「玫瑰油雞」。

豉油雞就是鹵水浸雞。二十年代，廣州有「筒子油雞」，做法是在鹵水中加入冰糖、甘草和草果，並在雞的腋下開孔取臟，代替之前開膛取

砂鍋豉油雞（製作：陳永瀚師傅）

金華玉樹雞

臟的方法，以保持雞形美觀，又在雞的肛門上插一段通心小竹筒，以便鹵水在雞腔內流通。這個做法很快就由廣州傳入香港，酒樓酒家都爭相仿效。

白切雞在清代袁枚的《隨園食單》中已出現，名為白斬雞。由於味道清爽，口感嫩滑，為百吃不厭的廣東燒味食品。廣東和香港的白切雞，與江南的白斬雞不同之處，是有「過冷」的步驟，利用熱脹冷縮的原理，讓表皮在冷水中迅速收縮，從而達到雞皮爽口的效果。白切雞是香港家庭祭祀拜神最常見的祭品，市面上每間燒臘店都賣白切雞，但是酒家卻不賣，因為「白」表示不吉利，且做法過於簡單，賣不起價錢，所以「低櫃檔」從來只賣豉油雞。六十年代，香港酒家的「低櫃檔」廚師，從浸白切雞的基礎技術，變化出鹽水雞、貴妃雞等菜式，更與廚房合作，將浸好的白切雞交由廚房加工成葱油白切雞、薑葱手撕雞、金華玉樹雞、鮑汁玉樹雞等。

燒豬

燒豬是香港傳統燒味，製法與燒乳豬基本相同，但燒豬採用已成長的大豬，以皮脆肉嫩為上品。燒豬肋骨部份稱為燒腩，當作為被再度烹調的食材時則稱為火腩。燒豬金光燦燦，整隻燒豬稱為金豬，店鋪開張剪綵、新廈落成、項目啟動，都會以金豬拜神，寓意紅皮赤壯，鴻運當頭；六十年代是元朗養豬業的黃金時期，燒豬是新界人每逢春秋二祭掃墓必備的祭品；按照古老婚姻習俗，新娘出嫁後三天返娘家，稱之為回門，倘若新娘出嫁時是處女，回門時男家會送上整隻燒豬，稱為「金豬回門」。燒豬用五、六十斤重的大豬或三十斤重的中豬燒製，燒味店會買生豬，整治好交由新界的燒豬工場以地底爐燒製，再拿回燒味店出售。遇上大年節，金豬

⊙ 以傳統地爐及炭火燒豬的工場 ⊙

頭和尾部會簪紅皺紙花，排列在店前。

一九七九年，市政局因空氣污染問題，停止新發炭爐牌照給食肆，只有舊證可以續牌，自此燒味多以電爐及煤氣爐製作，只有一些歷史悠久的食肆如中環的鏞記和蓮香樓，仍以舊牌炭燒製作。全港唯一以地爐炭火燒豬的，就只有建於一九五四年元朗藍地的榮興儀記燒臘工場，工場共有三個地底爐，由耐火磚及瓦片所組成，爐直徑五呎，深七呎，烤大豬為主，以木材為燃料，利用滾軸運豬於爐，然後蓋上大蓋燒烤。八十年代開始，市面上的電爐開始普及，其後經過不斷改良及鑽研，成功電腦化，廚師只要透過操作面版，輸入燒製時間及火力，其後整個燒製過程也會由電腦操作，每次最多可同時掛燒四隻燒豬；也有供大型燒味工場的電腦燒爐，作為燒大豬之用。

酒樓酒家因條件限制，如沒有裝設大型太空爐的條件，不會燒製大豬，只做燒乳豬。燒乳豬是香港婚宴和壽宴必備的菜式，是燒味界的王者。酒席用的乳豬又稱為「席豬」，在七十年代前由新界豬場供應，八十年代開始以進口急凍乳豬代替，每箱四隻，淨重十五公斤，燒烤完成後每隻重約三斤半至四斤以下，原隻上桌，稱為乳豬全體，每隻斬件約二十四至二十六片。另一種乳豬規格，行內通常稱「茶豬」，十九公斤一箱，有四隻豬，平均每隻四點七五公斤，茶豬通常用於斬飯碼、拼盤，由於比較肥，所以比較少用來斬酒席的全體豬。

香港的燒乳豬，分「光皮乳豬」和「麻皮乳豬」兩種。光皮乳豬在二十年代由廣州傳入香港，製作方法有兩種，一為「掛爐燒」（缸燒），另一種為「明爐燒」（攋燒），製作方法為開膛、上叉、涤水、上皮、焙腔、晾皮和燒烤。

由於光皮乳豬擺放時間稍長就會韌皮，不利於在酒席中使用，一九六八年，香港的一班「老横會」燒味師傅們經研究，發明了「麻皮乳豬」的做法，調整了醋、飴糖的份量和燒製的火候，達到豬皮酥化的效果，從此省港兩地以至大江南北相繼仿效。在傳統筵席上，麻皮乳豬稱為「大紅乳豬」，寓意大展鴻圖，除作為拼盤外，還有以整隻豬片皮上席，稱為「全體片皮乳豬」。

燒鵝

香港燒鵝源自廣東的「潮蓮燒鵝」，將鵝去翼、腳、內臟，往完整的鵝

脆皮燒鵝（製作：陳永瀚師傅）

身吹氣，塗滿調味的五香料，縫肚，以滾水燙皮，過冷水，上糖水灼皮，晾風後醃製，掛入炭爐以木炭高溫燒烤，或用明火轉動烤成。上世紀三十年代德輔道中的公團飯店，以賣燒鵝瀨粉馳名，從此燒鵝瀨粉成了香港的特色小食之一。一九四二年中環鏞記飯店以燒鵝馳名。一九五八年深井裕記燒鵝飯店開業，後來當地又陸續多了幾家燒鵝店，深井燒鵝成為香港著名食品。七十年代經改良做法，發展成「脆皮燒鵝」。香港的燒鵝以活宰黑鬃鵝燒成，至一九九七年香港爆發禽流感，香港政府停止鴿、鵝及鴨等活貨銷售，業界改用急凍鵝，品種亦改為個子略小的平頭鵝。

燒鴨

燒鴨的做法與燒鵝大致相同，但燒鴨成本較低。和片皮鴨的做法不同，香港的燒鴨是把填滿調味料的米鴨，掛進爐裡用高溫燒烤出來的菜式，以皮脆有光澤，肉汁多而不帶腥味為上品。一九一〇年代，石塘咀有吳蘇記和珍昌酒家兩家著名燒臘店。珍昌酒家以掛爐鴨聞名，在妓寨尋歡作樂的食客，會差遣侍僕前來買燒味佐膳，有些未獲相召的阿姑，便會買鴨頭鴨翼在後巷消夜。五十年代香港流行「琵琶鴨」，把鴨身破開攤平，以沙薑、鹽及五香粉塗抹，鴨腔則抹上南乳以及磨豉醬，風乾燒烤而成，在七十年代香港全城熱賣。

叉燒

叉燒源自廣東，以叉插著豬肉來燒，故名叉燒。蜜汁叉燒是香港燒味中最受歡迎的品種之一，蜜是指麥芽糖。傳統上叉燒是用炭火燒烤，燒味行中有「初爐燒鵝，尾爐叉燒」之說，意思是在爐溫充足時將叉燒放下，

桂花汁鐵板叉燒（製作：陳永瀚師傅）

蓋上爐蓋二十分鐘後，汁潤焦香的出爐叉燒再淋上麥芽糖煉製的糖漿，就成了蜜汁叉燒。叉燒的製作會根據豬肉的肥瘦，分為「上叉」和「梅叉」，上叉是取無皮的五花腩，梅（脢）叉是位於肩胛骨的中心，共有兩塊，肉質肥瘦均勻，又以「一字梅」（外脊肉）精中帶膘、最嫩滑多汁，燒味行中最常使用。燒味店或酒樓味部，會用兩個電飯鍋熱著叉燒和鴨鵝汁，斬妥之後淋汁提味。

傳統的叉燒在香港有其相應的變種，分別是「燒排骨」及「豬仔骨」，兩者的材料都為「打豬下欄料」的唐排骨頭。這種食材肉少骨多，製成後肉骨會被蜜汁所填滿，被業界譽為

「肉在骨縫中」。

其他燒味

四十年代，社會有很多新移民，消費能力較低，負擔不起叉燒等燒味，燒臘店便用廚餘做出售價便宜的特色燒味。以往不少店家有自家屠宰的習慣，在賣出新鮮的精肉後，剩餘較為「下欄」的部份亦會循環再用，研發出眾多的燒味菜式。在那個時代流行起來的金錢雞便是下價燒味，由雞肝、叉燒及製過的冰肉（肥豬肉）串起，掛爐慢燒而成，因外形似金錢，肉質嫩滑似雞肉而得名。還有蜜汁鴨腳紮，是廚師利用屠宰鴨雞等剩餘的下欄部份，及賣剩的燒味食品例如鹵水豬肚、叉燒，切成細條狀，放在鴨腳的掌中，再以雞、鴨或鵝的腸捲起紮好，醃味後再烤製而成。

二次大戰後，有財力的燒臘檔在中環皇后大道中紛紛建立店舖。當時的燒臘店是單幢式樓宇，地下是舖面，二樓是工場，三樓是工人宿舍，天台就是曬場和曬棚。當時很多小孩無錢讀書，就當上童工，包食包住兼學手藝。燒臘舖採取師徒制，學徒半夜就開始準備工作。

翠蓋金錢雞（製作：陳永瀚師傅）

五十至七十年代，香港的燒味不論菜式、做法、爐具，甚至烤製時所需要的燃料，都經歷了不同程度的革新。燒味界一方面保持了傳統，一方面帶來推陳出新的菜式。燒臘店門前設有炭爐，師傅即場燒製炭燒乳豬、燒鳳肝、燒鵪鶉、燒斑鳩和燒禾花雀，吸引客人光顧。

臘味

臘味是一種肉類食品的處理方式，指古人透過鹽或是醬料等醃製，再以太陽曬乾或風乾。廣東素有「秋風起，食臘味」的生活傳統，香港也不例外，臘味品種包括臘腸、鴨膶腸、臘肉、臘鴨、金銀膶等。臘味廣受香港市民歡迎，冬天吃臘味煲仔飯、生炒糯米飯，以及過年時的蒸蘿蔔糕，都用上臘味。香港的鮮肉生曬臘腸，靠著玫瑰露酒的細緻香味，造就出港式臘腸的獨特個性，在中國風肉臘味行頭中佔一席位。

上世紀五、六十年代，全香港約有二十間製作臘味的店舖，並附設工場，是香港臘味業興旺期，到八十年代最為鼎盛。九十年代後，數量日漸減少，現存設有本地工場的臘味店只剩下數間。

臘味業陷入低潮的原因有很多。首先，臘味店與季節環環緊扣，旺季通常始於中秋八月十五，香港冬季短暫，旺季只有三四個月，餘下大半年的淡季生意冷清，三四個月的旺季難以抵償剩餘七八個月的淡季，生意難做。

另外，是本地製作成本增加，同時遇上內地平價貨源的衝擊。現時香港大部份市面上的臘味都是內地製造，大多在超級市場上架，方便購買，價錢相宜，新鮮本地製造的臘味市場因此漸漸萎縮。

隨著香港人對健康的關注提升、對醃製食品的需求減少，對臘味的需求也有很大的轉變，即使不少品牌推出全瘦肉臘腸，其銷售量仍不及數十年前。儘管如此，香港仍然保持著秋冬吃臘味的習慣，本地生產的臘味仍較受市民歡迎。

千禧年後，多了酒樓和食品公司推出自家製造的臘味，超級市場也開始售賣真空包裝的臘味。而隨著內地人移居香港數量增加，臘味產品亦引入外省口味，例如四川辣肉腸、四川臘肉、雲南臘肉等新產品。

香港燒臘店發展

二次大戰前，一個潮州人家庭在灣仔經營「再興燒臘」，香港淪陷時一度休市，戰後飯店以「復興」名字重開，後更名為「再興」。初期那只是一間位於灣仔克街的大牌檔，八十年代，克街重建工程展開，街道上的大牌檔被當時的市政局收回牌照，該店於是遷往灣仔史釗域道。

一九二四年順德人黎坤來港創辦金菊園，總店位於皇后大道中，港島首間分店開在上環永樂街。總店有三層，臘味店設在地面，製作車間在二樓，工人宿舍在三樓，屋頂為風乾場。兒子黎偉權於四十年代從家鄉來港協助父親擴展生意，六十年代在灣仔莊士敦道、銅鑼灣白沙道、九龍佐敦道開設臘味分店和燒味餐館，銷售的品種包括金銀膶、鴨腳包、豉油雞、燒乳鴿和燒鴨等。一九六五年，金菊園推出每月供六元的「臘味會」，過時過節或婚嫁，更為顧客發行臘味卡和禮券，吸引不少本地人及海外華僑前來買臘味做手信。一九六五年十月開設臘味海鮮酒家，除供應臘味及燒味外，還設早午茶市、晚飯宵夜。一九七一年推出新出品臘乳鴿。

二戰後，新的燒臘店相繼出現，中環街市附近的皇后大道中一帶，除一九四一年創立的華豐燒臘之外，還有廣州、金菊園、金陵、楚記等燒臘名店。華豐以燒肉券代替回門金豬，主家可直接把燒肉券送給親友，每張券可到燒臘店換取半斤或一斤燒肉。燒肉券亦作為滿月回禮，會加上一份紅雞蛋。

五十年代著名的燒臘店有荷李活道的廣馨，中西區的永安、合和祥、北風、楚記、金陵、滄州，灣仔的和玉、九如及大三元，波斯富街的蓮香，旺角的合記、珍珍、鴻昌，深水埗的金龍和華園等多家。

一九五〇年沙田的龍華酒店以乳鴿菜式著名，燒臘師傅會挑選出生後三十天以內十四両重的頂鴿，用鹵水浸至入味再油炸，稱為燒乳鴿。另一間沙田的新強記，在乳鴿鹵水中加入腐乳汁和當歸，生浸後炸。

一九六〇年，永合隆飯店在旺角砵蘭街開業，招牌下標明「乳豬燒臘第一家」，用炭燒而非掛爐做法。豬隻來貨後要先剖開，然後以鹽醃製至乾身。入爐前，將外皮焗三十五至四十分鐘至七成熟，再開始燒豬。整個過程人手製作，由於炭火火力不如電爐般穩定，要燒得均勻，全靠臂力和經驗去控制。

六十年代，燒臘店開始以連鎖形式經營，包括港九都有分店的金菊園、滄州和皇上皇。皇上皇於一九五〇年開業，位於威靈頓街，經營臘味生意；一九五三年遷往九龍彌敦道，在五、六十年代增設中環、北角、上環、北河街等分行。皇上皇標榜「夏天賣雪糕，冬天賣臘味」，馳名的食品是臘味、火焰雪糕和燒春雞，一九六三年趁年屆歲晚，推出北菇香腸、瑤柱香腸和好市發財腸。一九六五年一月，皇上皇推出「代客送禮」的營銷策略，顧客只需撥電話下單，皇上皇便會派專人按時將臘味送到指定的地方，受禮者在卡片上簽名，卡片會送回顧客手上，然後收款。連鎖式茶樓如九龍的雲天、雲來、品心，以雙髀飯（雞髀拼燒鵝髀）馳名。

六、七十年代，香港的燒味拼盤都會有紮蹄。紮蹄源自廣東佛山，用整隻豬手連肘做，但因為製作需時，千禧年後市面上除了老店以外，已沒有多少店家仍在繼承此製法。紮蹄是把豬手起骨後，將肥豬肉、雞腎及鴨腎等作為餡料，釀入豬手內，用草繩綁紮，以鹵水長時間鹵製而成，冷卻定形後切成片狀。

七、八十年代，是燒味的黃金時代，各種鹵燻燒烤的食材由本地天天供應，即日屠宰，品質極佳，夠新鮮又價錢相宜。隨著潮州菜熱潮掀起，許多潮式打冷和鹵水進入味部的菜單，令味部不只有傳統廣東燒臘的風味，煙燻菜餔、鴨腳包、金錢雞等復古菜再次興起。香港的街頭燒臘檔步入極盛期，食材多樣化，如燒蜜汁雞翼及雞髀，是當年流行的食品。

七十年代末至八十年代，深井燒鵝以皮脆肉嫩、色香味俱全而聞名。區內的酒家由村屋改建而成，規模較小，大部份以燒鵝為號召。燒鵝以傳統的炭爐燒烤，每一個爐可以放十隻鵝。

八十年代，香港的粵菜酒樓都設有燒味部，隨著燒味全面普及，香港出現以燒味為賣點的燒味茶餐廳及快餐店，由自設燒味工場供貨。一九八九年創立的太興燒味店，由主打廣東燒味的茶餐廳，逐步發展成燒味連鎖餐廳集團。九十年代，部份大型超市增設燒味部，影響到燒臘店及燒味茶餐廳的生意。太興燒臘茶餐廳推出燒味焗飯配無冰原味奶茶，令燒味形象年輕化，創造了連鎖燒臘茶餐廳的潮流。

千禧年後，燒味的做法與技術持續改進，在傳統的港式燒味基礎之上

⊙ 佐敦道的雲天大茶樓（提供：張順光先生） ⊙

加入外省燒烤，以及西化、日式等創新款式，包括樟茶鴨、杭州煙燻腩肉、片皮鴨、煙燻素鵝、香辣燒牛肋、脆皮茶香雞、雙色米脆豬、金蛋脆皮腩、糯米釀雞翼、醬烤鳳翼紮、鍋巴乳豬等等新口味。

二〇〇九年香港受到亞洲金融海嘯衝擊，市道冷清，有不少燒臘店將原來每盒售二十五至二十八元的燒味雙拼盒飯，以「海嘯價」十元出售，一般有燒肉配油雞、叉燒配燒鵝等多種搭配，還附送飲品或例湯。這些優惠價飯盒的顧客不少是上年紀的街坊和學生，也有上班一族。

海味街與鮑參翅肚

海味，是指經乾燥脫水等加工程序製作而成的海產類食品，如鮑魚、海參、魚翅、魚肚、花膠，以及瑤柱等。中國人喜慶筵席的菜式都講究體面，但六十年代前，鮑參翅肚都是在有錢人家及高級酒家宴席中使用，一般市民負擔不起，他們主要吃的是冬菇、蠔豉、土魷、章魚乾、蝦米蝦乾等海味。自六、七十年代起，香港經濟起飛，市民才有能力購買貴價海味自用。

西環海味街

十九世紀香港開埠時，上環至西營盤一帶是最早的華人社區和貿易中心，憑著海旁得天獨厚的位置，成為活躍的買賣市場。香港的地理位置獨特，水路可南下暹羅、新加坡，北上汕頭、廈門、上海，成為南北線的樞紐，由文咸東街尾至德輔道西，三角碼頭可上落貨物，因此吸引了上海、潮汕、福建的商人到來，在上環一帶包括文咸東街、西街、永樂街和高陞街開店營業，各行各業分佈在不同街道，一八六八年為團結同業及維護利益，成立「南北行公所」。上世紀二、三十年代，香港酒樓興旺，魚翅海味生意興隆，不斷發展，雖然在日佔時期不能正常營業，但隨著戰後廣州的海味魚翅行南遷香港，西環海味店成行成市，並逐漸向西營盤方向伸延。二戰之後，一些行業如米行及油行式微，生果欄搬遷，剩下藥材、鹹魚、海味和魚翅行。

時至今天，上環至西營盤一帶依然是香港人及遊客們熟悉的「南北行」和「海味街」。這裡有來自中國內地的中藥材，包括新會陳皮、西藏紅花、雲南琥珀、田州三七等等，以及世界各地和海味乾貨產品，包括南美和非洲的魚翅、日本鮑魚和江瑤柱、南美中東和澳洲印尼的魚肚和海參、泰國和越南的燕窩、朝鮮和韓國的人參，和本地及附近地區出產的蝦米蝦乾、魷魚、章魚等。這些海味乾貨，通過不同渠道送到全球華人的餐桌上，成為高級中菜最重要的食材組成部份。

鮑魚

鮑魚是香港高級粵菜的重要菜式，用料主要分乾鮑、罐頭鮑魚和新鮮鮑魚三種。乾鮑、罐頭鮑魚在海味店售賣，新鮮鮑魚在菜市場售賣。

六十年代之前，香港市場上的乾鮑，主要是由日本入口的吉品鮑、網鮑和禾麻鮑，日本乾鮑身價不菲，原因是適當的烹煮後，鮑魚的中心呈溏心狀，用刀叉進食，受高消費市場歡迎。產自日本岩手縣的吉品乾鮑，四十年代開始入口香港，因曬製時用繩穿起縛著，特點是鮑身中間留有線痕和小孔；吉品鮑味濃而鮑心可製出溏心，是香港市場的主流乾鮑品種。據說在一九五六年，乾鮑貨價廉宜，二十六頭的日本吉品、禾麻鮑每斤十元左右，較便宜的非洲貨則一般供應給鹵水檔做鹵水鮑魚，一片賣兩毫。

七十年代開始，香港海味市場入口南非網鮑和澳洲的乾黑鮑（黑邊鮑魚），以及中東鮑魚、大連鮑魚、印尼鮑魚仔、菲律賓鮑魚仔；千禧年後入口南非吉品鮑。

乾鮑的菜式，有由一個發起的六頭至十二頭大網鮑或禾麻鮑，切成鮑片，亦稱為「鮑脯」。一九三一年，南園酒家、文園酒家以及大三元酒家推出「十大件」酒席，當中有「流星鮑片」；同年石塘咀樂陶陶酒家的菜式中有「雪影鮑脯」；一九四一年勝斯酒店推出「九大件」宴席，菜式中包括「蠔汁美鮑片」；一九四八年英京酒家推出每桌一百四十元供十二位用的「十大件」翅席，菜式中有「紅燒網鮑脯」；一九五〇年，大三元酒家的「蠔汁大網鮑片」被選為香港粵菜酒家的名菜；同年春節，銅鑼灣金魚菜館推出「龍鬚大鮑片」；五十年代大同酒家推出「滿漢全席」，菜式中有「崑崙鮑脯」，即龍躉皮燴鮑脯；一九七七年紅寶石酒樓團年雞鮑翅席，菜式有鱉肚大鮑片；一九七九年，彌敦酒店婚宴的熱葷菜式有「翡翠鮑脯」；一九八一年慶相逢酒樓的佛跳牆，每鼎賣九百八十元，足十二位用，內有十頭吉品鮑十二隻。一九八八年新光酒樓婚宴，每席一千九百八十八元，菜式中有「發財玉掌鮮鮑片」；一九九六年粵軒每席八千八百元的菜單有「窩燒鵝掌鮑片」；二〇〇二年六月二十二日星光行北京樓婚宴，每席一萬八千元，菜式中有「一品蠔皇鮑」。

五十年代，澳洲罐裝鮑魚進入香港市場，可作冷盤、炆煮、燴、扣、炒。由於價錢比乾鮑平，中價的罐裝鮑魚為市民接受，作為送禮或家宴自用。六十年代開始，罐裝鮑魚在婚宴酒席中普遍使用，代替乾鮑作為鮑脯，

吉品滿華堂（製作：黃隆滔師傅）

菜式有菜膽蠔油鮑脯、婆參鮑片、發財（髮菜）瑤柱鮑片等等。

六十年代，最受市民歡迎的「即開即食」罐頭鮑魚進入香港市場，墨西哥車輪鮑魚每罐售四元，日本豉油鮑每罐售三元，主婦們多喜歡在過年過節時開一罐鮑魚切片做菜。進入七十年代，日本乾鮑和罐頭鮑魚皆升價近十倍，普羅市民吃「鮑魚雞粥」的日子一去不復返。

原隻鮑汁的溏心鮑魚，用十六頭至廿八頭禾麻或吉品乾鮑，或十五頭至五頭網鮑製成，是高級的位上粵菜。八十年代，富臨飯店總廚楊貫一成功改良傳統溏心乾鮑製法，傳媒廣為報導。一九八六年，楊貫一到北京

乾燒海參

釣魚台國賓館，為鄧小平烹調溏心鮑魚扣鵝掌受到稱讚，從此溏心鮑魚配鵝掌或花膠、刺參、江瑤柱，成為香港名菜。

海參

海參是香港貴價海味中的一種，上世紀三十年代開始作為香港轉口及批發的海味之一，但當時香港粵菜很少烹調海參，只在外省菜中使用，例如一八九五年杏花春酒樓就有仿京菜的「蝴蝶海參」。

七十年代，粵菜酒樓開始在宴席中使用南美大豬婆參，新都城酒樓夜總會的酒席中有「窩燒婆參鮮鮑」。同期，國際大酒樓婚宴的熱葷菜式有「翡翠婆參鮮鮑」，海參成為宴席菜式；一九八五年香港餐務管理協會會長楊維湘出版《香港粵菜筵席譜》，記載菜式有「婆參麻鮑脯」；一九八一年慶相逢酒樓佛跳牆，每鼎賣九百八十元，足十二位用，材料有濕婆參十二両；九十年代很多內地人移民或經商來港，受外省菜影響，高級粵菜的位上菜式會用刺參拼鮑魚、花膠、江瑤柱。

香港常見的海參品種，以刺參、石參、禿參為主，這些海參主要來自日本、中國內地、澳洲、印尼、菲律賓、中東、美國、韓國等地。刺參主要來自日本關東和關西，內地山東省、遼寧省和俄羅斯的海參崴。石參的貨源則以金山、印尼、澳洲和中東為主，大型的豬婆參多來自印尼和澳洲、非洲及所羅門群島。一般市民家庭自用海參，作為燉湯和炆煮，多數用來自西非、中東、墨西哥和澳洲的禿參。

魚翅

魚翅在我國古代已被列為「八珍」之一，鮑參翅肚並列為高檔的珍饈海味。最早記載食用魚翅，可見於明代李時珍的《本草綱目》。上海的十六鋪，在清朝同治初年形成，當時魚翅買賣年達二萬斤；廣州一德路海味街在一九一九年出現，二十一世紀成為東南亞最大的鮑參翅肚集散地。

十九世紀，香港西環的水街及水坑口街一帶，因為有山水流成的河涌，成為入口魚翅的加工場集中地，多是家庭式經營。由日本和新加坡運來，只經過粗加工的生貨魚翅，在香港漂白、刮沙、起骨、清洗後，曬乾成加工好但未經浸發的魚翅，行內稱為熟貨，運到廣州和南洋出售。位於石塘咀的鴻昌號，專辦魚翅、魚肚買賣。

上世紀初，廣州的大酒家陸續到香港開設分店，帶來了高級粵菜的烹調方法，包括魚翅菜式。以魚翅為主的酒家，二、三十年代有同樂、大同、中國、建國及大華等。據一九二五年報章記載，大同酒家有售「西群大包翅」，大碗賣五十八元。三十年代，隨著南北行生意興盛，中上環一帶如陶園及金陵等酒家林立，受講排場的豪客歡迎的魚翅菜式有：炒桂花翅、蟹皇翅、雞絲生翅、白菜膽燉翅等。

二戰後，廣州及新加坡的魚翅莊陸續遷來香港，集中在西環一帶，著名的魚翅入口莊有捷興莊、民泰行、利源長、振原豐、信裕公司、兆豐行。

魚翅的生貨來自日本、新加坡（非洲翅）和美國（南美翅），成為香港最大宗的海味食材，香港集入口、加工、轉口、零售於一身，是世界的魚翅貿易及消費中心。

香港粵菜的魚翅浸發方法和菜式，基本上分裙翅、包翅、排翅和散翅等四類。

裙翅

裙翅，用非洲的黃沙裙翅、印度的西沙裙翅或犂鰭翅做成，翅針軟滑而粗長，是香港粵菜中最高級的魚翅菜式。「紅扒大裙翅」或「紅燒大裙翅」是粵廚大菜，售價昂貴，每位用三両濕翅起，埋紅燒芡加火腿茸，用大海碟上菜，更豪華的會上大盤淨翅而濃湯另上。裙翅源於清末民初廣州四大酒家之一「大三元酒家」，由當時的名廚吳鑾所製的「紅燒大裙翅」，是粵菜菜餚中的代表作，同時亦成為粵菜烹飪學子烹製魚翅必修的科目。一九五〇年，香港大三元酒家的「紅燒大裙翅」被選為粵菜酒家的名菜；五十年代，銅鑼灣金魚菜館春節推出新滿漢席，菜式包括足十四人用的「極品大翅」。一副裙翅主要分為三個部份：近頭的背翅稱為「頭圍」，翅針最粗，價格最貴；近尾部的背翅稱為「二圍」，價格次之，最末端的魚尾魚鰭魚翅稱為「尾圍」，價格再低一些。由於用翅成本高，大裙翅菜式很少於大型的婚宴壽筵出現。

包翅

包翅，本名荷包翅，取自大鯊魚的鰭，但只取上述裙翅三圍中的一圍，故價錢比裙翅為平。香港業界通常用印度出產的蝴蝶青翅、金山勾翅（尾鰭）、西沙裙翅、海虎翅、軟沙裙翅等做成，是香港高級粵菜酒家常見的魚翅菜式，不作大型婚宴壽筵用。一九五〇年，建國、中國、仁人三家酒家供應名為「九大件」有九道菜的翅席，菜式包括「大包翅」。五十年代，香港有些酒家為吸引顧客，把包翅寫為「鮑翅」，實與鮑魚無關；直到今天仍有酒樓把「包翅」稱為「鮑翅」。包翅翅針粗，翅身兩邊都有翅針，加工後不散開，上菜時可排成扇形，狀似鼓起的荷包，著名菜式是「紅燒大包翅」。

排翅

排翅，用牙揀、五羊、海虎、白翅（大白青）等翅做成，原翅身最少長十六吋，加工成形後，翅針不散開，翅身單邊有翅針，上菜時魚翅整齊排成一列扇形，故稱排翅，伴隨另上的有銀芽和火腿絲。排翅不像包翅那樣鼓起，價格比包翅便宜一些，為香港粵菜酒家常見菜式。一九八一年慶相逢酒樓的佛跳牆，每鼎賣九百八十元，足十二位用，標明用牙揀翅（排翅）十二両；二〇〇二年六月二十二日星光行北京樓婚宴，每席一萬八千元，菜式中有「紅燒大排翅」。

散翅

散翅，是香港最為普通的宴席魚翅菜式，用普通的下等魚翅如牙揀翅、日本軟沙翼翅、黑沙翅、牛皮沙翅、五羊片、金山片、琉球片、小金山勾、勾仔等加工而成，翅針幼而散開。由於其價格便宜，適合大眾食用，多用於婚宴壽筵，每人每碗用翅二両。由於「散」字意頭欠佳，故行內又取生猛猛的「生」字，稱作「生翅」，菜式有「雞絲大生翅」或「蟹肉大生翅」；上門到會及包辦筵席，菜式仍稱為「散翅」。一八九五年上環杏花春酒樓的宴席菜單上有「雞蓉生翅」；一九二二年英國愛德華太子訪港，由金陵酒家到會，菜單中有「雞蓉魚翅」；一九三三年坐落在塘西風月之地的武昌酒樓，菜式有「蟹黃生翅」；一九四八年英京酒家推出每桌一百四十元供十二位用的「十大件」翅席，菜式中有「滑雞絲大翅」；一九五五年德輔道中的銀龍大酒家菜單包括「紅燒蟹肉生翅」；一九六〇年九月九日生記大華園林酒家滿月宴，每席七十八元，菜式有「紅燒雞絲生翅」；一九六一年，六國飯店仙掌夜總會，每席一百六十八元，菜式有「紅燒雞絲翅」；一九七一年，金漢酒樓婚宴，每席二百五十元，菜式中有「紅燒雞絲生翅」；一九七三年，香港股票高峰期，中環鏞記酒家推出富貴宴席，菜式中有「高湯蟹肉金鈎翅」；七十年代，國際大酒樓婚宴，每席五百五十元，菜式中有「紅燒雞絲翅」；一九七七年紅寶石酒樓團年雞鮑翅席，每席四百九十元，菜式中有「高湯雞包翅」；一九七九年，彌敦酒店婚宴，每席五百二十元，菜式中有「雞絲銀燕翅」；一九八六年粵江春牡丹翅席，每席一千四百八十元，菜式有「牡丹海皇翅」；一九八六年灣仔樂富海鮮酒家宴席中有「官燕雪蛤大生翅」；一九九六年粵軒每席八千八百元的菜單中有「紅燒蟹肉翅」，用牙揀散翅。

據說塘西風月時期，酒樓已有賣碗仔翅，五十年代金陵酒家的碗仔翅是茶樓點心，每碗賣一元五角；六十年代上環國民酒家首推「包翅飯」，賣三元，是魚翅撈飯的先行者，那時香港酒家的魚翅菜式普及，婚宴壽筵「無翅不成席」。一九六九年底至一九七二年是香港魚翅業的全盛時期，當年香港股市暢旺，股民大有收穫，設盛宴慶功，一擲千金，不用問價，以致當時的高級食肆及銀行食堂等均要提早三、四個月預訂，老鼠斑、蘇眉、二十四両排翅、大裙翅、果子狸、廿四頭溏心禾麻鮑等，皆為菜單所必備。食客到酒樓以「碗仔翅」（滑雞絲生翅）來撈米飯進食，以示闊綽豪氣，豪客更會用包翅撈飯。一九六九年創辦的新同樂魚翅酒家和一九七二年創辦的福臨門酒家，以推出「魚翅撈飯」午市套餐而聞名。一九七三年香港股災，魚翅的價格曾跌剩三分之一，到一九七五年價格才回復正常。八、九十年代香港經濟蓬勃發展，魚翅不再是達官貴人的奢侈品，成為粵菜酒樓中市民負擔得起的菜式。

二〇一〇年代，在環保團體的推動下，不吃魚翅成了非常有效的形象包裝，很多酒店及粵式酒樓在酒席中不再設魚翅菜式。

花膠、魚肚

花膠與魚肚、魚膠是同品，都是曬乾的魚鰾。魚鰾是魚身上一個控制魚在水中升降的內臟器官，除了比目魚和鯊魚之外，大部份的魚類都有魚鰾。其中以黃花魚、白花魚、鰵魚、海鰻等大魚的魚鰾曬乾製成的，最富含膠質，故又俗稱為「膠」。潮州人叫藥用的魚肚做魚膠，作為烹調用的魚肚叫做魚鰾。

用黃花魚和白花魚的魚鰾曬乾製成的才叫做花膠，其他的都是魚肚，例如鰵肚（廣肚）、鴨泡肚、門鱔肚、赤魚膠、金山肚、鱔肚、蝴蝶肚，和五十年代之前香港最名貴的大澳鰵肚，分類很清楚。由於據說花膠具食療功效，被女士視為養顏珍品。八十年代起，為了名字好聽，一般都統稱為花膠。

無論是花膠或魚肚，乾貨的顏色金黃而呈半透明，分為海魚及淡水魚膠兩大類。它們的檔次和價格，就以其罕有性、來源、件頭大小厚薄來區分，品種及品質分為十多級，價格差距大。

香港海味店常見的品種，有鰵肚（廣肚）、白花膠、午肚、蝴蝶肚、紮膠、鱔肚、龍牙肚、魚雲肚、英國肚（非洲魚肚）、紐西蘭肚、鴨泡肚、蛇

花膠響螺燉雞湯

肚（陰陽肚）、葫蘆肚等等。

花膠

花膠產自黃花魚和白花魚的魚鰾。受季節性影響，白花膠和黃花膠供應量有限，最為珍貴，品質更是魚肚花膠中之極品。產地以中國沿海地區為主，尤以黃海為多，南沙、西沙及印度洋也有出產。

鰵肚

鰵肚（又稱廣肚）是香港名貴的魚肚，別名廣肚或港肚，後者是地域性名稱。它源自鰵魚的魚鰾，魚油豐富，故貯存多年後會有磷光，色澤亦變金黃。其外表膠身大而寬闊，厚度十足，經烹調後仍保持堅挺而不瀉，主要產地來自印度洋，以巴基斯坦和印度沿岸最多。

紮膠肚

紮膠肚是香港最常見的魚肚，家庭和酒樓都常用，是傳統禮品之一。紮膠肚也是鰵肚的一種，原名「長肚」，因其肚形長而窄，所以又叫「窄膠」，「窄」字後來在香港海味行內被寫成了「紮」字，一直沿用。紮膠肚的產地來源以中南美洲居多，如巴西、秘魯、委內瑞拉、古巴、巴拿馬、哥倫比亞、墨西哥等。

紮膠分公（雄）和乸（雌），紮膠公的價錢比乸貴。紮膠乸身形肥厚，外形特點是沒有直線氣紋，光滑透明，不耐火，容易溶於水，即粵菜廚師俗語說的「瀉水」，口感滑「削」而軟糯。紮膠公的外形修長，有兩隻「小耳朵」，光滑平面，頭闊尾窄，肉質不厚，特別之處在於中間兩旁有修長的直線紋，俗稱「電車路」。紮膠公不易溶於湯水，據說藥效也較好，常用於燉湯。

鱔肚

鱔肚是海鰻魚、白門鱔魚的魚鰾，香港的鱔肚來自中國內地、孟加拉、印度洋、南美洲等地。由於鱔肚價格平宜，浸發和烹調方便，酒樓點心中的棉花雞和四寶雞紮都會使用。鱔肚分鹽發、砂發和油發三種，鹽發或砂發的都叫做沙爆魚肚，用炒熱的鹽或砂來焗發，表面色澤較暗啞；油發即油炸，表面比較油亮但油膩。經用水煮及水焗處理後，三種魚肚的口感都差不多。

江瑤柱

江瑤柱，也稱為江珧柱，體型細小的稱為元貝。江瑤柱在超過千年以來，便是中國上流社會的美食，除鮑參翅肚外，江瑤柱在香港海味乾貨中的地位重要，用於高級菜餚、煲湯或煲粥，是香港家庭及餐飲業最常食用的海味乾貨。粵菜宴會中常見的江瑤柱菜式，例如發財瑤柱脯、瑤柱桂花翅、節瓜釀瑤柱脯、雞蓉瑤柱羹。

上世紀三十年代，香港海味商兆豐行開始入口大粒的日本江瑤柱，在

節瓜釀瑤柱脯

粵菜中用來做瑤柱脯，是宴會中的傳統菜式。香港市場上的日本江瑤柱，主要是「宗谷貝」和「清森貝」兩種。北海道宗谷貝，是蝦夷扇貝肉柱做的乾貝，色澤金黃，品質最好。蝦夷扇貝即帆立貝，產於日本北海道及俄羅斯的冷水區。谷宗一帶的島嶼，坐落於日本北海道的極北海岸線上，從稚內、利尻島、禮文島和宗谷岬所出產或加工的江瑤柱，都被稱為「宗谷貝」。每年春天，來自北極的潔淨溶冰，為這片水域帶來了豐富的微生物，把帆立貝養得碩大肥美，所出產的宗谷貝是瑤柱中最優良等級。由於水質好，乾貝粒頭大而完整，味道濃郁，顏色較深而有光澤，價錢也最貴，在香港海味行中，宗谷不單只是一個地名，更是代表了優質的江瑤柱。二〇一一年三月十一日，日本東北部海域發生九級地震，並引發了宮城和福島海岸的海嘯，海產業包括清森貝受到嚴重破壞和污染，自此宗谷貝價格成倍上升。

上世紀四十年代以來，香港入口大連、青島出產的元貝，呈稍長形，顏色帶橙色，家庭用來煲湯、炆煮，以及炸瑤柱絲。八十年代，香港入口越南出產，價格平宜的小元貝，家庭用來煲湯煲粥。

燕窩

燕窩一向是華人社會珍貴的食物之一，據說具有滋陰補肺的療效而被推崇。燕窩是產於南中國海沿岸地區的石灰岩山洞的兩種金絲燕（白燕窩雨燕、黑燕窩雨燕）所築的巢穴，經過加工，做成食用燕窩盞。據說最早是明朝鄭和下西洋，購得燕窩進貢給永樂帝享用；到了明末，燕窩已成為中國皇室及上流社會的奢侈食品。到了清雍正五年（一七二七），廈門正式開放外洋貿易，包括燕窩在內的奢侈品由廈門進口並銷往內地。一八五〇年前後，由於載力、速度等各種原因，中國帆船的遠洋貿易逐漸被輪船代替，隨著廈門港的衰落，燕窩的進口轉為依賴以廣州和香港為主的珠三角港口，潮州商人取代福建商人成為中暹（泰國）貿易的主導力量。

西環的參燕業始於十九世紀中期，到十九世紀末期，已發展成為世界燕窩的集散地，燕窩從入口原料到成品加工，成為燕窩市場的一項獨立環節，到了一九二七年，在香港從事燕窩加工的已有百多人。據一九九四年世界自然基金會的調查顯示，世界上有八成的燕窩都是出口到香港，只有小部份留在產地銷售，燕窩經香港銷往中國大陸、台灣、澳洲和美洲的華人地區。

上世紀二十年代，燕窩的菜式隨廣州的高級粵菜流傳到香港，很受上流社會及塘西風月人群歡迎，但因價錢高昂，手工繁多，並未普及至一般市民。一九六八年至八十年代，香港經濟起飛，飲食業興旺，燕窩成為高級食材，潮州菜和粵菜都採用燕窩入饌，高級潮州菜酒家有不少以標榜燕窩作為店名。

香港粵菜的燕窩菜式有：燕液滾龍珠（百花球滾碎燕窩）、鳳吞官燕（蟹肉、蟹黃、火腿茸扒燕條）、雞茸燴燕窩、官燕扒鴿蛋、竹笙釀官燕、鮮奶炒燕窩、煎焗琵琶燕窩、夜宴西湖（西湖燕窩）。

陳塘風味與香港艇菜

清乾隆二十二年（一七五七），廣州成為對外通商口岸，十九世紀中，廣州富甲全國，「食在廣州」由此而起。當時廣州的飲食多彩多姿，有豐富華貴而烹調精細的官府菜，也有風月美食的「陳塘風味」。這兩個流派在清末民初期間，隨著廣州的酒樓紛紛南下開店，流傳到香港。

「陳塘風味」原稱「花酌」，是仿照揚州花艇的風月場所，不同的是，揚州花艇著重於嫖和藝，而廣州花艇是著重於吃食，最早期的花艇，開設在當時的粵海關附近的紫洞艇。陳塘風味在廣州沙面發揚光大，以清淡爽脆的菜式自創一格，成為粵式小菜的重要元素。

清道光二年（一八二二），廣州十三行一場大火，波及停泊在沙基口的紫洞艇，幾乎全部燒毀。所有花艇後來遷到岸上，在陳塘（現在廣州市中醫院附近）重新開業，成行成市，依然是以吃食為主的風月場所，俗稱「食井水」。後來也有「埋街食井水」的俗語，形容妓女從良的意思。花艇食井水，摧毀了一直相安無事的廣州飲食制度，馬上受到其他五行的強烈反對，於是陳塘風味的酒家無奈地公開了「灼」的煮食秘訣，以息事寧人。到了一八五〇年代，廣州流行吃海鮮，「灼」就全面普及起來了。

廣東人的「灼」，即北方人的「焯」，都是指把食材在沸水中迅速燙熟的意思，老一輩的粵菜廚師，會堅持「灼」才是粵菜的術語。花艇限於煮食條件，菜式以「灼」、「浸」、「蒸」等水烹為主，食材是新鮮的海產、豬肉和蔬菜，精妙之處就是原汁原味，食物入口鮮、嫩、脆、滑，與粵式大菜截然不同。

十九世紀初，當港島還是分散的小漁村時，上環已經是較活躍的市集，水坑口對出海邊曾設有小型渡船碼頭，方便居民出入。民國時期，水坑口對開海灣內的花酌小艇生意蓬勃，就是以清爽的陳塘風味小菜奉客，由於花酌小艇多為岸邊水上人經營，港人一般稱為「蜑家艇」。

二戰後，香港人口急劇增長，住房擠逼，市民在炎熱夏天的節目，就是去海邊散步及租小艇近岸遊河。有見及此，銅鑼灣及油麻地避風塘的蜑家艇做起「菜艇」的生意，提供灼東風螺、焓白灼蝦、鹽油水浸石九公之

避風塘炒蟹

類的簡單小海鮮食物。據說五十年代初的油麻地避風塘也曾有一些私娼花艇，向食客招攬生意，而香港仔的水上菜艇就不涉賣笑行業。

到了七十年代，香港經濟起飛，上班族愛到避風塘吃宵夜，菜艇生意好了，收費也比之前貴了。有幾間菜艇向政府申請飲食牌照，廚房艇發展成近似專業廚房，菜式越做越多，受食客歡迎的有燒鴨湯河、泥艋粥、浸石斑、薑蔥炒龍蝦，還有著名的避風塘炒蟹。一九九五年，政府立例禁止在艇上煮食，部份菜艇搬上岸開店經營，從此香港艇菜成為絕響。

廚出鳳城——順德菜在香港

順德素有魚米之鄉的美稱，處處桑基魚塘，是廣東省最富庶的地區之一。據《順德縣志》中載，自一四五二年順德建縣起，「迄至清末，均歸廣州府管轄」。順德飲食文化源遠流長，起源於秦漢、孕育於唐宋，素有「粵菜之源」的名譽。「食在廣州」的廣州，不只局限於廣州中心城區，而是指包括順德大良、容桂、杏壇、勒流等地的「廣州府」屬下諸邑。

順德有「廚出鳳城」之譽，昔日絲綢業的繁榮是基礎，但最重要的是孕育出「全民皆廚」的風氣，以大良（鳳城）為最。香港的順德菜主要分為兩部份：一是由順德女傭（俗稱媽姐）所帶來的家庭菜，這也是香港人認識順德菜的主要源頭；二是餐飲業中由廣州廚師傳入的順德菜，直至四十年代末至五十年代，香港才出現正式稱為順德菜的食肆。

由於順德絲綢業式微，大量婦女南下到香港從事家傭工作。三十至七十年代，香港的富戶和中產階級，很多都會僱用順德來的媽姐，她們廚藝了得，把順德的烹飪技術和菜式風味帶到香港，特色是「食不厭精、妙在家常」，善用最尋常的材料和最簡單的調味，講究刀工和鑊氣。由媽姐帶來的順德風味粵菜，主要材料是豬肉、淡水魚和時令蔬菜，流行的包括各式順德小炒、鹽油水浸鯇魚、豆腐蒸鯇魚、煎焗魚嘴、大良煎藕餅、炸鯪魚球、煎蛋角、蒸水蛋、冬菇燴魚腐、薑葱煀鯉魚、拆魚羹、蒸焗魚腸、煎釀鯪魚、煎釀苦瓜和茄子等。五十年代，香港中環金龍酒家二樓專營順德菜，主廚是媽姐；六十年代，有退休媽姐做起私房菜，以懷舊撚手菜招待熟客，很受歡迎。八十年代，最後一代媽姐逐漸退下來，但順德的家庭菜已經成為香港最普遍的家常菜式。

由於廣州粵菜由明、清起就是「廚出鳳城」，所以很多人認為，順德是粵菜的發祥地。一八四〇年代，廣州飲食界的佛山商幫，南下在香港投資茶樓酒家，大批原籍順德的廣州粵菜廚師，隨著佛幫的酒樓字號移居香港，從事以廣府菜和順德菜為基礎的香港粵菜。順德籍廣州廚師移居香港，並在香港廣招弟子，成為大半世紀以來香港粵菜發展的重要人力及廚藝支柱。一九二九年世界經濟大蕭條，導致順德的繅絲業迅速凋零，同時也造就了

煎焗魚嘴

更多順德籍廚師南下香港打工。

二十至六十年代，粵菜筵席菜式中有不少傳統順德菜元素，包括：百花釀仙掌、掌上名珠（鴿蛋）、仙掌燴生根、龍穿鳳翼、大良野雞卷、大良炒鮮奶、玉簪田雞腿、麒麟鯇魚、五柳鯇魚、清蒸大鯇魚、紅燒廣肚、百花釀蟹鉗、金錢蟹盒、脆皮炸子雞等。

一九四七年，香港的順德籍商界成立順德聯誼會，後設中菜部做正宗的順德菜。五十年代在香港開業的順德菜館，有油麻地廟街的大良馮不記飯店和一些平民順德小食店。一九五四年，譚國景在銅鑼灣開了第一家鳳城酒家，聘順德名廚掌勺，一九七八和八四年陸續開了北角和太

大良炒鮮奶

子的鳳城酒家。

八十年代香港出現了新類型的順德菜館，以河鮮菜式為招徠，用順德的蒸、浸、炆煮、煎焗等技巧烹製，配以順德小菜，一般稱為順德河鮮酒家。隨著內地改革開放，香港與內地的水陸交通改善，更多由順德、江門等地區來的鮮活淡水魚類供港，品種也增加，除了之前香港常見的白鯇魚、大魚（鱅魚）、鯉魚、土鯪魚和生魚之外，還有花錦鱔、黑鯇、鮰魚、筍殼魚、加州鱸魚、林哥魚等。

九十年代，從順德起源的無米粥火鍋熱潮興起，香港出現了另一類的順德餐館，結合嶺南傳統的生滾粥和打邊爐，以無米粥（米湯）代替火鍋湯底，火鍋料以水產為主，大魚頭和脆肉鯇魚片為賣點，稱為順德粥底火鍋店。

在二十一世紀開業的順德菜館包括：佐敦的順德公漁村河鮮酒家、灣仔的名門私房菜、天后的食得好、香港仔的肇順名匯、油麻地的順德公漁村河鮮酒家和上環的小欖菜館、尖沙咀的江順河鮮、荃灣的百薈軒順德漁港、新蒲崗的滿粥順德粥底海鮮火鍋和灣仔的星月居。

二〇一〇年代，順德河鮮店流行「順德大盤魚」，吃法像四川的香辣烤全魚，客人揀好河鮮，廚師先煎再蒸至八成熟，裝在鐵盤放在火爐上，加入熱湯底，邊煮邊吃，據說這吃法源自順德的「魚塘公打邊爐」。

消失的食材

魚蝦蟹水產

半個世紀之前，香港有不少優良的野生或養殖的海產水產，請各位看看這些消失了的香港好食材，定會感到甚為惋惜，原來在不知不覺中，填海造地、交通基建，香港為建設現代城市，付出了不能挽回的代價。

大澳洞蝦，是大澳出產的野生大蝦，每年十二月中至第二年三月當造。大澳洞蝦幼時已有四吋長，背脊蘊藏著很多蝦膏，比起青尾龍實有過之而無不及，食味鮮美爽脆。

青尾龍大蝦，背現青色，以產於后海灣者為最佳，每年十二月十日至明年三月底出產，其食味媲美大澳洞蝦，但未有洞蝦之爽滑。

大白蝦，由元月十五日起大多數長滿膏，亦為至肥美之時，至四月後蝦膏又完全瀉去，稱之為走膏。本港產大白蝦之海域有后海灣、長洲、大澳等地。

黃枝蝦，身形如白蝦，或更較小，全身黃色，出產於后海灣者身短肥美鮮甜；大澳、長洲所產者次之，蝦身長，而不及前者之肥美。

元朗基圍膏蟹，此蟹為膏蟹中之冠，非別處所產能及。肉質鮮甜而膏特多，每斤蟹所得淨膏最少也有三兩。該地為鹹淡水域，故品質亦特佳。

香港新界吐露港一帶，古稱大步海，自五代起到明代中葉，是珍珠的產地，沿岸佈滿採珠人的漁村，到了明朝萬曆三十三年（一六〇五），政府下禁令廢止採珠，海邊漁村逐步凋零。清康熙二十三年（一六八四）取消海禁，復界後鼓勵客家人移民到香港，期間有部份客家族群遷入大步海，形成了一些客家人的漁村，分佈在九龍東面的西貢、滘西洲和船灣。船灣有十二條客家村莊，包括李屋村、沙欄、圍下頭、黃魚灘、洞梓、井頭、鴉山、布芯排等等。這些漁村的位置交通不便，村民在岸上居住，養豬種菜，同時是近海作業的漁民。客家漁民以排釣及魚網捕捉近岸的魚類例如泥艋、紅鱲、白鱲、黃腳鱲、波鱲，也捕蟹、東風螺、青口和蜆，還有季節性的魷魚。出產於大埔海域的野生竹蝦，每年四至六月當造，這正是別的蝦種出產最少之時候，竹蝦肉較粗，皮殼比花蝦硬。

大埔海闊水深而風靜，是香港著名的帶子產地，所產帶子比別處為優，每年三到八月是產量最多的時期。大埔灣的海邊多是泥灘，漁民會用客家茶籽餅捕捉八爪魚。他們把茶籽餅打碎，以布包裹，縛在竹竿上，插入八爪魚的洞穴，八爪魚便爬出來了。

六十年代，政府開闢船灣淡水湖，船灣十二條客家漁村的漁民，得到另行建村安置。七十年代政府收地填海，大埔灣消失，建成汀角路和大埔工業區。

香港的馬灣、汲水門、大小磨刀、青山灣等地，都曾經盛產野生黃花魚，自古不少漁民賴以為生。五、六十年代，香港街市賣的黃花魚並非貴價魚，一般市民都吃得起，如麵豉醬蒸黃花魚、煎黃花魚、黃花魚滾豆腐湯等，都是流行的家庭菜。

七十年代，香港經濟起飛，漁船都裝上了測魚機來圍捕黃花魚，當黃花魚汛來時，水濁就白天拖網，水清就夜間，日夜不停地圍捕，有時漁民一天可拖到一百幾十擔魚，這是香港漁民最賺錢的日子。當時漁民用的是機動漁船和拖網，大魚小魚都被捕清。昔日港府沒有立法設休漁期，十年圍捕，毀了千年黃花魚的家園。

更嚴重的是從七十年代開始，城市建築需要大量海沙，吸海沙的船日夜操作，海床被破壞；加上屯門大面積填海，像黃花魚這類近岸的弱小魚類，沒有了繁殖和生存的環境，到了八十年代，香港本地黃花魚基本上就絕跡了。

稻米和田雞

由幾百年前到上世紀七十年代，元朗是個農業地區，很多農田都種植稻米，那時未有入口泰國或越南米，香港人日常吃的就是本地品種的元朗絲苗米。

位於元朗大馬路恒香老餅家的斜對面，有一條短短的街，既沒有山谷也沒有亭，卻名為谷亭街。明末清初，海盜和日本倭寇在中國沿海猖獗橫行，當時清朝剛入主北京，鄭成功在台灣又意圖反清復明，從清順治到康熙年間，朝廷幾次頒佈了遷海令（遷界令），下令沿海五十里（二十五公里）內的居民都要遷離，房屋要銷毀，百姓一律不准出海。那時的元朗、屯門、天水圍、青山、上水、粉嶺一帶的鄉民及漁民本來還算生活安定，可是遷界令一下來，這一帶都變成了廢墟。清康熙二十三年（一六八四）取消海禁，鼓勵原居民回港以及客家人遷移開墾，元朗平原恢復種稻米，並因應香港人口增加而擴大種植規模。當時元朗開設了一個較大型的民間墟場（現在的元朗舊墟原址），墟期是每月的初三、初六、初九、十三，餘類推，每月九天。在墟裡交易的貨品以穀米為主，墟內修建了一個有蓋的大穀亭，亭內有公秤，買賣雙方以公秤的重量為準。直至上世紀七十年代，港府大力發展元朗，稻田逐步消失，舊墟場成為元朗市中心，舊建築物陸續被拆卸，到了一九八四年之後，留下的就只有谷亭街這個街名了。

昔日元朗農田種的是水稻，水田裡有很多野生的田雞，晚上蛙聲處處，美味的田雞也成了香港人常吃的食材。根據廚師手冊《庖廚寶典》，記錄四十至七十年代香港流行的粵菜筵席菜式：玉女添花（龍穿鳳翼拌油泡田雞腿）、金枝玉葉（田雞腿捲火腿菜薳）、蟾宮仙子（蟹黃扒鮮菇田雞片）、蘭花金錢菇（田雞扣燉北菇）、香雪鴿蛋（田雞扣燉鴿蛋）、雙鳳朝陽（菜薳雞片田雞片）、三星拱照（菜薳鮮菇蝦球雞球田雞片）、比翼鴛鴦（油泡雞翼球田雞片）、翠袖藍田（菜薳炒雲腿田雞片）、雙飛戲彩（菜薳炒田雞片雞片）。

新界乳鴿

一九一五年，中山華僑從美國帶回了「白羽王鴿」和「賀母鴿」，與本地鴿配對，到三十年代石岐乳鴿培育成功，中山人把石岐乳鴿的品種帶到香港養殖。三十至七十年代，乳鴿是本地生產的食材之一，那時香港人流行在周末駕車到青山灣容龍別墅、沙田龍華酒家等新界大小酒家吃乳鴿，做法是紅燒乳鴿、鹵水乳鴿、炒鴿片、炒鴿鬆等；烚後呈半透明的白鴿蛋，是筵席的上等菜式。金圓大酒樓更在新界自置白鴿場，佔地數萬呎，供應乳鴿、頂鴿給客人享用。由於香港土地貴又不易請到工人，隨著八十年代鄰近香港的深圳光明乳鴿供港，本地鴿場遂被淘汰。

土魷和九龍吊片

香港的海味商很講究意頭，水為財也，「乾」字表示無水無財，所以把簡化的「干」再反轉成「土」，也包涵了本土的意思，於是經風吹日曬生產出來的魷魚乾就稱為「土魷」。本地漁民捕獲的魷魚，會交由岸邊的曬家處理，用的魷魚來自香港及附近水域，其中著名的有大澳土魷。

生曬土魷，分為全乾及半乾濕兩種。全乾的拿到市場出售，半乾濕的土魷較軟身，數量很少，是水上人自己的最愛，多留作自食。用原隻魷魚來曬的土魷叫做吊筒，一般是用比較小的魷魚；另一種是剖開魷魚身來吊曬的，叫做吊片。

一九七〇年之前，「九龍吊片」是著名的香港特產，指的是九龍灣海邊的曬家們出產的本地吊片，薄身爽脆，味道鮮甜。七十年代，政府在觀塘及牛頭角對開的九龍灣進行填海，在新填地上開闢九龍灣工商業和住宅區，九龍灣海邊沒有了曬家，九龍吊片成為一個名稱，大部份來自中國沿海的粵東、福建和台灣。

插鹽密肚鹹魚

漁民每天的伙食中，必定有一味鹹魚來佐飯。漁船上帶的粗鹽對漁民來說非常重要，在還沒有冰倉的日子，一些漁獲例如馬友、黃花、白花等貴價魚，要立即趁新鮮時插在層層粗鹽中醃好；不割開魚肚，由魚鰓位置扣出內臟及放入鹽，這種密肚的插鹽鹹魚是香港漁民的特色做法。

由於漁船上空間寶貴，是不會用來曬鹹魚的；漁船靠岸後，這些鹽醃魚就交給曬家在岸邊曬至乾身，留為自食或交親友的檔口銷售，或由鹹魚欄（經銷商）收購出售。這些插鹽密肚鹹魚，由於未經日曬，在醃製過程中因發酵而產生一種霉香味，稱為霉香鹹魚，是漁民家庭的家常菜，也是香港著名的特產。好品質的插鹽鹹魚必須是用即網的鮮魚，立即以鹽醃保存，如果經冰凍之後再用鹽醃，肉質便會變得硬實。八十年代後，由於本地漁民減少出海，西環海味市場的鹹魚逐漸由入口貨代替。創於一九五二年的大澳老店順利號，據說是近年售賣本地生產密肚鹹魚的唯一店家。

魚乾

魚乾是漁民獨特環境中的產品，做法和鹹魚不一樣。漁民的鹹鮮魚乾，大部份都是自留食用的，部份也會拿到岸上銷售，換取日用品。漁民把魚劏好，洗乾淨後剖開邊，用鹽水泡過後，在船上拉一根繩子，把魚掛在繩子上吹乾，有北風的日子，吹一個晚上就夠了。這樣做出來的魚乾，魚身不會太乾，魚肉仍有彈力，有鹹味而不失鮮味。魚乾在常溫中只能保持幾天，所以又叫「七日鮮」。魚乾的鹹味和口感介乎鹹鮮和鹹魚之間，但是更有海水的味道。鹹鮮魚乾的種類很多，有雞泡魚、瓜核鯧（藍鯧）、海河魚、鰲魚、鮫魚、牙帶魚、泥鯭等。

後來香港極少漁民出海捕魚，這種在船上風乾的魚乾逐漸消失，近年在港島的筲箕灣金華街街市、鴨脷洲大街，以及九龍旺角的奶路臣街街市，偶然有小量漁民出售在家裡露台曬的魚乾。

鹹鮮

拖網捕魚，網底總會有不少賣相不大好的雜魚（也稱網尾魚），漁民就用這些雜魚醃製鹹鮮，作為船上伙食，當天醃製，當天下飯。用鹽醃製過的海魚，原汁原味，鮮味無比。做鹹鮮用的是海魚，醃製的時候，把魚鱗刮掉，魚內臟去掉，先在筲箕上撒一層粗鹽，放一層魚，再撒一層鹽。這樣可以同時醃幾層的魚。魚經過醃製後會出水，經筲箕流走。這樣醃出來的魚，利用鹽來提升鮮味，而對魚的原味絲毫無損，是漁民飲食的代表作。

隨著八十年代漁民陸續遷居上岸，鹹鮮成為一道香港的本土特色菜，傳承下來。

酒糟雞泡魚和雞泡魚乾

雞泡魚是廣東人的叫法，亦即是河豚。由於雞泡魚有毒，不宜出售，漁民一旦捕到雞泡魚，便炮製作為自食，酒糟雞泡魚即是一例。酒糟雞泡魚要用大條的新鮮雞泡魚，小的有五、六斤，而大的有十多斤。做法是把雞泡魚劏洗乾淨後，先用鹽醃過，曬晾後用水沖洗，再曬到適當乾身，然後切件，酒糟也是漁民自己製造的。在糟雞泡魚時先把魚乾用酒醃過，然後把魚乾放進埕中，再倒入酒糟，壓緊，把空氣盡量壓出，最後把埕密封起來。酒糟雞泡魚要起碼糟一個月，開埕時糟香撲鼻。八十年代，大條的新鮮雞泡魚不可多得，酒糟雞泡魚在香港已經絕跡。

另一種是雞泡魚乾，直到二〇一七年，在香港的筲箕灣金華街、鴨脷洲大街、流浮山及大澳等地方的曬家檔口，還有小量雞泡魚乾出售，但可遇而不可求。原因是：第一，雞泡魚必須絕對新鮮，這意味著製作雞泡魚乾必須即時在漁船上加工；第二，要有精湛的手藝，鹹淡和乾燥的程度要恰到好處；第三，雞泡魚要夠肥大，肉要夠厚，才能保持魚乾有彈性。第四，必須在冬前製作，因為只有冬前的陽光和海風，能為製作雞泡魚乾提供最佳的條件，氣候太熱太冷都不成。吃雞泡魚乾，漁民的方法是把雞泡魚乾煲，用豬手、雞、白蘿蔔和胡椒粒同煮四小時。煮好後，湯呈奶白色，雞泡魚乾也恢復了原來的肉質和彈性，味道鮮美無比。放白蘿蔔的原因是用以測試雞泡魚有沒有遺留的毒素，如果白蘿蔔的顏色變黑了，就表示有毒素遺留在魚中，整煲湯都必須倒掉，這是香港漁民多年累積的經驗。

蒲台島紫菜

位處香港最東南端的蒲台島，島上的遠古石刻於一九六〇年被發現，列為香港法定古蹟，根據考古資料，估計已有三千年的人居歷史。蒲台島上世代居住著一些漁民，他們善於採收紫菜。由於蒲台島遠離港島，物資缺乏，自古代起，紫菜便是島上居民日常的食物和養生治病的藥材。每年降霜之後冬至之前，陽光充足，蒲台島南岸懸崖邊會出現大量紫菜，是漁民採收的季節，除了自食煮湯之外，有小量曬乾出售，是蒲台島的土特產。由於採收紫菜是辛苦而危險的工作，二〇一七年蒲台島剩下一戶鄭姓漁民仍然堅持採收紫菜。

馬灣蝦膏

馬灣原名媽灣，位於大嶼山和青衣之間，東為馬灣海峽，西為汲水門。自古以來，馬灣村民的經濟活動都依賴漁業，當地名產的蝦膏蝦醬，就是在天后廟前的大片空地生產。每年七至八月，漁民用拖網捕捉附近海域特有的銀蝦，細小的銀蝦在凌晨收回來便立刻搗碎，然後鋪在竹織篩盤上，放在烈日下曬，再發酵成為蝦膏，是香港著名的土特產。後來由於濫捕，政府禁止使用拖網，以本地海域銀蝦來製作的蝦膏絕跡，其他蝦毛的來源也日益缺乏，加上九十年代，馬灣建設大型地產項目柏麗灣，馬灣村被移位安置，馬灣蝦膏於二〇一五年停產。

塔門鮑魚、海膽

位於香港赤門海峽以東的塔門，島上世代住著蜑家漁民，他們善於潛水，捕捉鮑魚和海膽，清朝時期，塔門島遷入了客家人，大部份從事捕魚工作，形成一個小漁港。塔門島居民融合了漁民和客家人的生活方式，既養豬種菜，也從事漁業工作。塔門島雖盛產海鮮，但交通不便，直到七十年代，油麻地小輪開設渡輪，塔門島成為海鮮運往大埔及九龍的轉運站，現在則成了遊人吃海鮮的地方。

百年粵菜筵席菜單

年份	食肆	價格（港元）	菜單
一九〇五	品芳酒樓（上環太平山街）	四元，供六位用	午間日局例菜：瑤柱燉鴨、生炒海鮮、炸子乳鴿、清炒魚肚、杏仁腎丁、菊花鱸魚羹、雞蓉茼蒿；另熱葷兩碟、伊府麵九吋（因以九吋瓷碟裝盛而得名）、生果兩碟、紅瓜子三碟、各式酒四壺、香茶六位。
		十元，供十位用	（八大碗）蟹蓉生翅、燉神仙鴨、杏元山瑞、清湯魚肚、炸子乳鴿、燉鷓鴣粥、菊花鱸魚羹、紅燒肇菜；（八熱食）杏仁雞丁、煎明蝦碌、雞蓉燕窩、炒鵪鶉鬆、雞皮榆耳、上湯泡腎、京丫黃菜、草菇鴨掌；另二熱葷、二冷葷、中西點二道、二生果、二京果、杏仁茶、四飯菜湯；包菜晏（白飯）粥十位、紅瓜子四碟、各式酒六壺、檳榔及茶水免費。

一九二六	南唐酒家	不詳	冬令補品：宰正梅花北鹿
		兩元，供四位用	晚上八時堂座宵夜：本地田雞省城子雞煲飯、羊城臘味二品、合時菜蔬一品、名茶一壺。
一九二七	南園酒家	不詳	開業之時，聘廣州四大酒家的廚師重現昔日名菜，包括南園的乾燒大鮑片、文園的江南百花雞、西園的鼎湖羅漢齋、大三元的大包翅。
		每桌三十六元	十大件：白梅包翅、松江艷跡、鮮果酥酪、鵲肉掛爐雞、海錯虞琴、麒麟鮑片、牡丹雙鴿、綵柳垂絲、二京果、二生果、甜點心、伊府麵、四小湯菜。
一九二八	廣州西園	十八元，外賣加兩元	全素十大件：鼎湖羅漢齋、西藏素鴿蛋、珊瑚豆腐、江南百花素、雲浮戥脯、素衣鮮菌、百菇酥卷、鴛鴦口蘑、白雲露筍、甜百合露、二素食、素麵食、點心一道。廣州西園以素菜著名，調派精製素菜的廚師到香港炮製。

一九三二	南園酒家（威靈頓街） 文園酒家（石塘咀遇安台） 大三元酒家（鵝頸橋和德輔道中及油麻地）	每桌三十八元，供十二人用，到會另加兩元	「十大件」酒席：鴻圖包翅、掛爐燒鴨、輕扣淡羅衣、流星鮑片、瑞集丹墀（山瑞）、嫣紅百花鴿、鳳爪梅花、崑崙石斑、龍躍鳶飛、合桃酥乳酪，另四熱葷、二京果、二生果。
一九三二	樂陶陶酒家（石塘咀）	八元	生雞絲翅、白汁石斑、炸子肥雞、雪影鮑脯、銀芽雞絲、鳳肝雞片、鮮蓮蟹羹、鼎湖素菜。
一九三三	武昌酒樓（塘西風月區）	不詳	蟹黃生翅、紅燒鮮菇、麻辣酥雞、荔荷燉鴨、鵲渡銀橋、鳳肝蝶影、果汁石斑、夜合蝦球。菜式名稱含沙射影，闊少在酒樓開局，再派人請「紅牌阿姑」到酒樓一聚。
四、五十年代	多家酒樓酒家	/	酒家多以雞菜式為號召，包括：威化瑞士雞（大同酒家）、市師雞（馨記酒家）、鹽焗雞（洞天酒家）、蟠龍雞（勝利酒家）、太爺雞（頤園）、大雞三味（龍珠酒家）、五香雞（金魚菜館）、鹽焗雞（大華酒家）等等。亦提供午酌、晚市小菜、雀局菜、筵席及「四喜大筵」。四喜大筵相等於以前塘西酒樓「尾圍」的「八大八小」（八碟大菜及八碟小菜）。

一九四一	勝斯酒店（由丫士打酒店改營）	「九大件」宴席	
		三十元	甲種：紅燒雞生翅、麒麟石斑件、上湯浸滑雞、原盅泡廣肚、蠔汁美鮑片、掛綠明蝦球、時菜扒全鴨、竹笙穿鳳翼、鮮奶一堆雪，另熱葷兩式、上湯伊麵半賣、揚州炒飯半賣。
		二十五元	乙種：銀湖生翅、紅炆鴨脯、菜薳蝦球、上湯浸雞、鮮蝦雙拼、奶油菜膽、合桃雞丁、鹹菜雀絲，另熱葷兩式、上湯伊麵半賣、揚州炒飯半賣。
一九四二至今	鏞記酒家	／	逢年初二與員工共享「開年九大簋」，寓意生意興隆、長長久久：四季興隆（當紅大金豬）、旺市大利（旺市大利湯）、嘻哈歡笑（巧煎明蝦皇）、顯貴鳳凰（生菜蜆芥雞）、壹團和氣（紅燒肘圓蹄）、連年盈餘（薑葱焗鯉魚）、竹報平安（竹笙扒上素）、富貴大顯（紅豉炒大蜆）。
一九四八	英京酒家	供應民國四大酒家的佳餚及宴席，由廣州四大酒家（南園、西園、文園、大三元）派出四大名廚前來主理。	

一九五〇		
香港各大粵菜酒家		
每桌一百四十元	每桌九十元	/
「十大件」翅席：滑雞絲大翅、紅燒網鮑脯、葱油焗肥雞、肘子燉冬瓜、四喜長壽鴨、金腿麒麟斑、雞腿玉液露、蟹黃扒鮮菇、百子滑雞丁、富貴鮮雪酪、二上熱葷、美點二式。	「八大件」翅席：紅燒雞生翅、廣肚美鮑片、葱油焗肥雞、三腳燉冬瓜、金腿麒麟斑、百子鍋貼蝦、公保鷓鴣丁、福祿長壽露、兩靚熱葷、美點二式。	著名菜式例有：竹笙扒鴿蛋（大同酒家）、雪花雞片（大金龍酒家）、紅燒大裙翅（大三元酒家）、蠔汁大網鮑片（大三元酒家）、燒雲腿鴿片（金陵酒家）、白玉藏珍（金魚菜館）、正式鹽焗雞（九龍大華酒家）、清蒸方利（國民酒家）、鴨汁燜伊麵（大同酒家）。 傳統廣東菜特別出色的包括：包翅（大三元酒家）、蒸海鮮（國民酒家）、炒熱葷（大金龍酒家）、豆豉雞（大元酒家）、炒牛奶（山光飯店）、鹽焗雞（九龍大華酒家）、脆皮雞（九龍金唐酒家）。

一九五〇	英京酒家	不詳	滑雞絲大翅、紅燒網鮑脯、著名脆皮雞、肘子燉冬瓜、金腿麒麟斑、四川壇子鴨、蟹汁露筍菜、四喜斑鵲片、百子明蝦球、二上熱葷、長壽富貴麵、美點兩式。
五十年代	銅鑼灣金魚菜館	每席三百元，供十四位用	初四啟市推出「新滿漢席」，可選一次宴畢，或分午晚進行：極品大翅、萬壽掛爐鴨、葵花珍珠雞、龍鬚大鮑片、熊掌燴蜆鴨、杏林春滿、玉液瓊漿、海蟹添壽、龍宮夜宴、二上好熱葷、合浦珠還、油泡山珍、合桃奶露、七彩鹹點、生菓兩式、京菓兩式、糖菓兩式、番菓兩式。
一九五〇	不詳	每席五百元	紅扒大裙翅、蠔油大網鮑片、八寶片皮鴨、象拔燉仙鶴、京扒熊掌、白灼螺片、蟹黃扒官燕、鮮蝦粟米雞粒飯、蟹肉片兒麵。
一九五五	銀龍大酒家（德輔道中）	「九大件」，茶檳芥全免。	
		五十五元	紅燒蟹肉生翅、當紅炸子肥雞、東坡扒大鴨、原盅新秋菰、大紅煎蝦球、翡翠鵪鶉蛋、鍋貼石斑件、玉蘭帶子、發財好市、揚州炒飯。

		八十八元	紅燒大包翅、蠔汁禾麻鮑脯、當紅炸子雞、香露燉新北菰、清蒸大紅斑、大紅煎明蝦球、玉蘭鳳肝鵝片、發財大好市、長壽伊麵、揚州炒飯。
一九五六	大元酒家（德輔道西二〇二號）	不詳	冬筍炒鴨舌、金錢蟹盒、金銀蟹黃翅、百花酥雞、鮮菇雙球、鴛鴦柴把鴨、豉汁龍蝦、雙龍出海、上湯菠菜麵、雞絲炒龍門粉、太極露。

德輔道中，分別可見銀龍酒家（右）及新光大酒家（左）招牌。（提供：張順光先生）

一九六〇	生記大華園林酒家	每席七十八元	滿月宴：紅燒雞絲生翅、當紅炸子雞、玉蘭麻鮑脯、八珍扒大鴨、花膠燉澳菰、五柳大鯇魚、兩熱葷（炒雙珍、玉蘭明蝦球）、揚州炒飯、長壽伊麵。
一九六一	六國飯店仙掌夜總會	每席一六八元	錦繡大拼盤、二熱葷（玻璃蝦仁、菠蘿雞片）、紅燒雞絲翅、燒琵琶雞、燕窩燉乳鴿、麻鮑鵝掌翼、菜膽杜侯鴨、香芒凍布甸、伊麵、炒飯。
一九七一	金漢酒樓	每席二百五十元	婚宴：錦繡豬拼盤、鮮菰泡蝦仁、紫蘿肝鴨片、紅燒雞絲生翅、當紅炸子肥雞、原燉花菰雙鴿、沙律煙焗銀鯧、鴛鴦揚州炒飯、乾燒長壽伊麵、百年好合甜露、幸福美點雙輝。
一九七一	沙田畫舫	每席一千八百元，供十六位用	海鮮裙翅宴：乾扒大裙翅、清蒸老鼠斑、紅扒大網鮑片、原盅雪耳燉鴿蛋、八寶片皮雞、湯生焗龍蝦、四熱葷（白灼香螺盞、竹笙扒雞腰、翡翠鮮玉帶、蟹黃扒官燕）、上湯魚皮角、蟹肉鮮蝦仁炒飯、原個木瓜燉杏仁、美點四式。

一九七二	國際大酒樓（彌敦道）	每席 三百四十元	乳豬大拼盤、二熱葷（合桃鮮蝦、蟹肉豆苗）、紅燒雞絲生翅、窩燒鮮鮑玉掌、當紅脆皮炸子雞、雪耳燉雙乳鴿、油浸雙筍殼魚、百年（蓮）好合、揚州炒飯、雙喜伊麵、鴛鴦美點。
一九七三	鏞記酒家（中環）	每席 三千八百元， 供十二位用	三熱葷（碧玉翡翠珊瑚、韭黃油泡螺片、官燕雛砂鴿蛋）、金牌炭燒黑鬃鵝、高湯蟹肉金鈎翅、尚至尊崑崙三寶、砂窩珠江花錦鱔、江南百花香酥雞、鴛鴦炒飯、上湯粉果、美點雙輝、仙翁奶露。

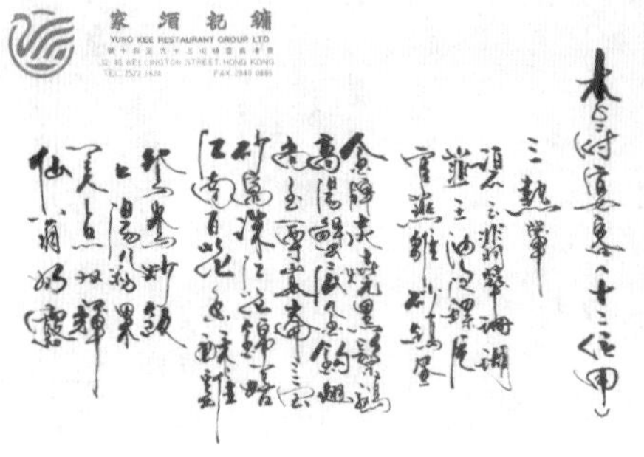

一九七三年，適逢股票高峰期，鏞記酒家推出的富貴宴席。

一九七五	新都城酒樓夜總會	每席 四百元	大紅乳豬拼盤、彩鳳明蝦球、蟹肉扒仙菰、紅燒雞絲魚翅、窩燒婆參鮮鮑、當紅炸子雞、原盅鳳爪燉北菰、玫瑰煙鯧魚、姻緣雙喜麵、生炒糯米飯、百年好合、美滿甜心。
一九七七	紅寶石酒樓	每席 四百九十元	團年雞鮑翅席： 龍蝦沙律、兩熱葷（鱉肚大鮑片、冬筍雞翼球）、高湯雞包翅、金華鴛鴦菜、蟹肉燴燕窩、玫瑰豉油鴿、清蒸雙喜斑、幸福大團圓、上湯片兒麵、生炒糯米飯。
一九七八	中國大酒樓	每席 九百八十元	全體乳豬紅斑生翅席： 大紅乳豬全體、兩熱葷（百花釀蟹鉗、翡翠雞片帶子）、清蒸海石斑、金銀冬瓜盅、當紅脆皮雞、福建炒飯、上湯水餃麵、椰汁燉雪耳、羊城美點。
一九七九	彌敦酒店	每席 五百二十元	婚宴： 乳豬大拼盤、兩熱葷（百花蟹鉗、瑤柱仙菰）、雞絲銀燕翅、翡翠鮑脯、當紅脆皮雞、白玉藏珍寶，豉王蒸鯇魚、百年好合、揚州炒飯、美點雙輝、雙喜伊麵。

一九八一	慶相逢酒樓	九百八十元，供十二位用	佛跳牆一鼎，斤両十足，材料包括：牙揀翅十二両、谷宗中柱脯十二粒、鵝掌十二隻、濕花膠十二件、濕婆參十二両、淨水魚十両、十頭吉品鮑十二隻、田雞腿六両、杞子五両、豬仔腳十二両、豬蹄筋十二件、乾北菰二両。
一九八三	太湖海鮮城（銅鑼灣）	不詳	新春喜慶華筵：嬉哈同歡樂（蒸基圍蝦）、發財大好市（北菰髮菜蠔豉）、富貴牡丹開（西蘭花螺片）、寶鼎藏珍品（燉佛跳牆）、年年慶有餘（蒸雙紅斑）、萬商齊雲集（海味大會）、金鳳鳴報喜（炸雲英雞）、龍騰耀四海（上湯焗龍蝦）、錦繡荷葉飯、富貴娥媚果、蓮池燉雪蛤、美點賀新歲。
一九八六	粵江春	每席一四八〇元	牡丹翅席：錦繡麒麟豬件、牡丹海皇翅、雪花翠玉帶、清蒸大青斑、鑽石妃貝蝦仁、龍江脆皮雞、生炒糯米飯、高湯菜肉雲吞、南北杏燉津梨、美點（黃金條、椰皇酥）。
		每席一九八〇元	金豬牡丹翅席：大紅乳豬全體、牡丹海皇翅、雪花翠玉帶、清蒸大青斑、鑽石拌蝦球、龍江脆皮雞、生炒糯米飯、蟹肉片兒麵、生磨杏仁茶、美點（黃金條、花生軟糕）。

一九八六

樂富海鮮酒家（灣仔杜老誌道）

每席一千二百元

大紅乳豬件、鴿蛋扒鮮菰林、沙律煙肉蟹柳、鮑參翅肚羹、清蒸雙魟魚、蠔皇原隻麻鮑（十二隻）、馬來肉蟹粉絲煲、魚唇扒菜苗、上湯水餃生麵、時令靚甜品。送大號人頭馬白蘭地一支。

每席一千二百元

中日大拼盤、脆奶拼蝦仁、發財火鴨卷、官燕雪蛤大生翅、蠔皇原隻麻鮑（十二隻）、甘脆片皮雞、海蜇鴛鴦柳、飄香菠蘿炒飯、時令靚甜品。

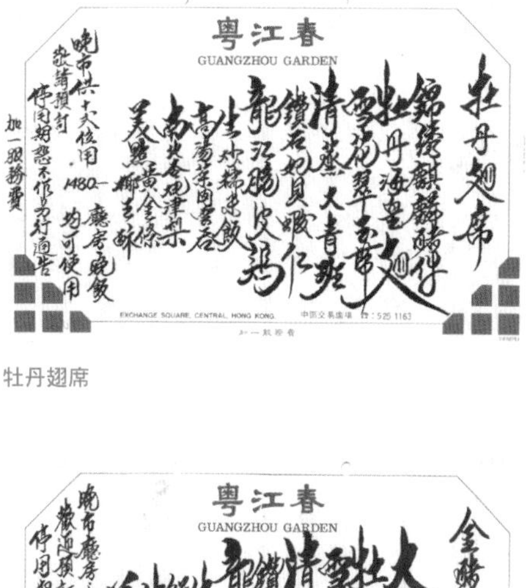

牡丹翅席

金豬牡丹翅席

		每席一三八〇元	龍蝦大沙律、蜜汁火腿、蟹肉大生翅、清蒸大海斑、元貝炖白菜膽、甘香琵琶鴨、福建炒飯、長壽生麵、椰青炖哈士蟆。
一九八七	粵江春	每席一千五百元	父親節：聚寶全盒（脆皮乳豬、燒金錢雞、如意螺片、松花海蜇）、蟹肉大生翅、柱脯百花菰、沙律脆皮蝦、清蒸雙紅斑、火焰鹽甑雞、東莞炆米粉、清香荷葉飯、玉露荔茸餃、美點雙輝。
一九八八	新光酒樓	每席一九八八元	婚宴：鴻運乳豬拼盤、兩熱葷（富貴花枝玉帶、招財高麗蝦），紅燒雞絲雙喜麵、發財玉掌鮮鮑片、新光茶皇雞、原盅冬裡藏珍、清蒸雙喜石斑、飄香荷葉飯、長壽伊麵、百年好合、永結同心。
一九九〇	六國酒店中菜部粵軒	每席二六八〇元	好事成雙婚宴酒席：鴻運乳豬件、翡翠珊瑚、鴛鴦龍鳳配、紅燒雞絲生翅、碧綠鵝掌鮑片、清蒸雙紅斑、香露人參炖雙鴿、脆皮炸子雞、茄汁雞絲飯、金菰炆伊麵、美點雙輝、情意綿綿。

		每席三三八〇元	鴻圖展翅宴：鴻運乳豬全體、翡翠螺片帶子、如意吉祥、百花蟹鉗、蟹肉大生翅、碧綠海參鮑片、清蒸雙紅斑、京烤一品雞、甜蜜海鮮飯、上湯水餃生麵、美點雙輝、銀杏炖湘蓮。
一九九一	美心大酒樓（銅鑼灣世貿中心）	每席四三八〇元	新春套餐「發財好市」：金豬大紅袍、發財瑤柱脯、節節鬮高峰、大展鴻圖翅、福祿鮮鮑片、連年慶有餘、瑞氣喜呈祥、金雞報佳音、生炒糯米飯、鴻運喜年年、新春甜美點。
		每席三三八〇元	農曆年套餐「鴻運連年」：鴻圖大拼盤、發財大好市、翡翠鮮帶子、紅運雞絲翅、玉掌鮑有餘、清蒸大海斑、喜鵲金錢雞、當紅脆皮雞、福建炒飯、順景伊府麵、鴻運團圓露、美點甜點心。
一九九五	美心大酒樓	不詳	金豬呈獻瑞、駿業宏開翅、百合玉龍球、迎客東星斑、當紅報喜雞、金錢菰豆苗、海柏鴻圖麵、美點賀雙輝、彩霞鮮菓盤。

一九九六	六國酒店中菜部粵軒	每席八千八百元	鴻運乳豬全體、翡翠花枝玉帶、玉環瑤柱脯、黃金百花蟹鉗、紅燒蟹肉翅、窩燒鵝掌鮑片、清蒸東星斑、當紅脆皮雞、揚州炒飯、雙喜伊麵、蓮子紅豆沙、美點映雙輝。
二〇〇二	北京樓（星光行）	每席一萬八千元	粵菜婚宴：珠聯配璧合（金豬大紅袍）、喜氣躍龍門（油泡明蝦球）、天賜好良緣（紅燒大排翅）、名列一品階（一品蠔皇鮑）、福祿如東海（清蒸大東星）、鸞鳳喜和鳴（鴻運脆皮雞）、瓜瓞慶綿綿（龍鳳銀錠湯麵）、百年祝燕爾（百年好合蜜燕液）、佳偶喜天成（宮庭豌豆黃、蜜餞荸薺餅）、果子滿筐籯（煙霞鮮果盤）。
二〇〇四	新光酒樓	每席二六八〇元	國寶鱘龍全包宴：鴻運乳豬海蜇盤、繽紛蔬果脆龍粒、原盅天麻燉龍頭骨、翡翠如意鱘龍球、千島吉列鱘龍柳、金華麒麟扣龍袍、紅炆靈芝鮑尾翅、冰甑鮮檸乳鴿、金柱翠龍粒炒飯、長壽香燒伊府麵、冰花杏汁燉龍頭骨、環球鮮菓盤。贈送紅酒一支。

二〇一〇	鄉村俱樂部中餐廳	不詳	婚宴：鴻運喜臨門（片皮乳豬全體）、豪門鴛鴦配（焗釀原隻響螺）、豪傑滿高朋（原盅菜膽炖海虎包翅）、闔府樂綿綿（原隻吉品鮑遼參津白）、彩龍欣戲舞（清蒸東星斑）、鸞鳳喜和鳴（鄉村狀元雞）、兒孫滿堂樂（蛋白瑤柱帶子炒飯）、永摯結同心（上湯羊城粉果）、百年諧好合（湯丸蓮子百合紅豆沙）、倩影雙雙對（美點雙輝）。
二〇一一	Ritz Carlton 中菜廳	不詳	家庭壽宴：冰糖蘿蔔、蜜汁西班牙黑豚肉叉燒、花雕蛋白蒸蟹鉗、脆皮炸子雞、鮮百合糖醋炆羊柳、豆豉腐件斑骨腩、蛋白炒飯、生日蛋糕、壽桃包、紅豆沙、奶黃煎堆、杏仁酥。
二〇一二	陸羽茶室	不詳	晚飯：焓香炖白、燒雲腿鴿片、燒金錢雞、桂花炒瑤柱、鳳眼果炆田雞、豉汁涼瓜炆斑翅、碧綠珊瑚菜、脆皮糯米雞、蛋白杏仁露、棗泥雪酥餃、煎粉菓連湯。

二〇一五	喜萬年酒樓	不詳	晚宴： 菜式包括：蜜汁金錢雞、乳豬全體、銀杏腐竹豬肚豬腱湯、黃金鍋貼帶子夾、秋葵百合炒刺參、上湯焗海中蝦（煎米粉底）、方魚薑汁炒芥蘭、古法鹽焗清遠雞、生滾水蟹粥、炸麵（油條）、牛脷酥、古法馬拉糕、合時鮮果盤。
二〇一六	家全七福酒家	不詳	懷舊晚飯菜式： 堂灼響螺片、拆燴羊頭蹄羹、燒雲腿雪花雞片、大地炒烏魚球、冬筍炒水魚絲、甫魚婆參扒大鴨、紅燒山瑞、蟹肉上湯片兒麵。
二〇一六	鏞記酒家	不詳， 供十二位用	宴客菜式： 五福齊匯聚蘭亭（水晶鵝腦凍、富貴石榴包、鹽燒海參扣、松子雲霧肉、薑葱豬心蒂）、炭燒家鄉鵝㷛仔、萬壽海螺燉雞湯、禮雲子琵琶大蝦、生拆蟹肉扒豆苗、銀絲魚尾雲吞麵、新疆和田棗茸糕、鮮奶生磨合桃露。
二〇一六	陸羽茶室	不詳	鮮蓮冬瓜盅、茄汁煎大蝦碌、蘭度海鱸魚球、陳皮蒸牛肉餅、沙律煙英鯧、西洋菜生魚煲豬踭、南乳筍蝦炆五花肉、生磨合桃露、蓮蓉香糭。

二〇一七

大榮華圍村菜（灣仔店）

不詳

玻璃片糯米乳豬全體、彩椒炒皇侯玉扣（豬管廷）、椰菜花炒玉如意（水晶肉）、花膠絲三蛇羹燴魚肚、福祿蹄筋菇仔扣柚皮、蒜香金沙（蝦豉油王炒手打麵底）、花雕生灼雲英雞、奶黃馬拉糕、紫薯沙酥角。

第四章

著名粵菜酒家

- 杏花樓
- 金陵酒家
- 英京酒家
- 陸海通集團
- 大同酒家
- 新同樂魚翅酒家
- 鏞記酒家
- 陸羽茶室
- 國賓／聯邦酒樓
- 楓林小館
- 稻香集團
- 利苑酒家
- 蓮香樓
- 大班樓
- 明閣
- 龍景軒
- 嘉麟樓
- 文華廳
- 福臨門／家全七福
- 卅二公館
- 鴻星海鮮酒家集團

杏花樓

杏花樓是香港最早的中式茶樓，創辦人是廣州人黃福祥（人稱黃九）、黃錦初等，一八四六年在威靈頓街開業。一八五一年十二月二十八日上環大火，燒毀蘇杭街、威靈頓街至西營盤共四百多幢房屋，杏花樓遷往上環皇后大道中三二五號近水坑口，以飲花酒的顧客們為服務對象；同時杏花樓附近有條大水坑，方便取淡水使用。杏花樓是飲宴取樂的場地，為顧及到洋人顧客，杏花樓中西菜式俱備；廚師多是順德人，是香港首家主打順德鳳城風味的酒樓。

杏花樓樓高四層，頂樓有陽台，設有獨立廳房，除了供應茶水和點心外，還附設有鴉片煙和陪酒女侍服務。酒樓以燕窩及魚翅酒席出名，是當時華人上流社會的高級飲宴場所。杏花樓內外皆裝有雕刻木門、窗花和欄杆，廳房內地板鋪有雲石，及配置酸枝傢俬。

孫中山在港時，經常與興中會成員楊衢雲、何啟及《德臣西報》記者黎德（T. H. Reid）在杏花樓進行秘密聚會，草擬廣州進攻方略及對外宣言。李鴻章在一九〇〇年訪港期間，港英政府曾在杏花樓擺酒款待。當時杏花樓、宴瓊林、敘馨樓和探花樓被稱為香港「四大」酒樓。

一九二九年，杏花樓舉行八十三週年紀念，茶點減收半價，當時頗為轟動，可惜因樓房太老、設備太舊，不能恢復舊日的繁盛。港英政府在一九三七年全面禁娼，導致塘西風月場所和酒家紛紛結業。

金陵酒家

金陵酒家由廣州香山小欖人馮儉生和合伙人在港創立，一九〇六年開業，最初位置在德輔道西，二十年代遷至石塘咀。

馮儉生是風雅之士，每兩個月便在酒家舉行畫展。當時的酒樓流行請名人為店舖題贈對聯和命名，馮儉生以比賽方式招對聯，最終選用香港首位華人立法局議員伍廷芳博士的作品「金粉兩行花勸酒，陵巒一角月窺樓」，更因古詩一句「夜泊秦淮近酒家」而把店名改為「金陵酒家」。從此業界紛紛仿效「酒家」的稱呼，塘西金陵酒家名氣紅遍香港及海外。

金陵酒家是當時塘西最華麗和最大規模的酒家，裝飾講究，每樓層設有多間獨立廳房，懸掛的書畫皆出自名家手筆。當時金陵最精緻的廳房叫「畫舫廳」，以秦淮畫遊河模樣設計，營造出身在金陵（南京）畫舫的風味。客人需要提早一兩個月預訂，可以在廳房中設牌局（打麻雀）、響局（唱曲）

及煙局（吸鴉片煙）。花酒局一般晚上七時開始，「頭度」（便飯）有四大四小碗，酒客交花箋召妓女到場陪酒及聽曲。近午夜時份，客人享用「尾度」，為正式的八大八小碗，八大碗一般有臘腸、排骨、燒肉、炆豬腳、炆鴨、雞丁、蒸魚、燉冬菇或雞蓉粟米等。

一九二二年四月六日英國王儲愛德華王子訪港，華人在太平戲院大排筵席四十二圍，由金陵酒家包辦到會。同年十月，官紳在金陵酒家宴請署理港督施勳（Claud Severn），之後一同往太平戲院，觀賞京劇名角梅蘭芳上演的《天女散花》。為答謝梅蘭芳來港演出，何東爵士胞弟何棣生在金陵酒家設席款待梅蘭芳。

一九二七年，金陵酒家搬到山道和皇后大道西交界的五層高唐樓，內部裝修豪華，保留特色廳房，「銀花廳」內全以銀器作擺設。一晚廳房的費用要花上幾百元，以上流社會客人為服務對象。

一九三〇年，馮儉生特聘有順德「鳳城三傑」之稱的名廚李君白為金陵掌勺，推出傳統順德名菜如燕窩白鴿蛋、炸子雞和高級素菜等。有「齋王」之稱的李君白在任職金陵酒家期間，曾榮膺香港四大名廚之一的美譽。

一九三三年三月十四日，華人士紳為華民政務司夏理德（E. R. Hallifax）

在金陵酒家設宴慶賀榮休。

二戰結束後，香港的廣州酒家、金陵酒家、大同酒家、大金龍酒家成為本港四大高級酒家。一九五二年十月二十七日，香港各界華人假座石塘咀金陵酒家，宴請英國根德公爵夫人（Duchess of Kent）；一九五三年設宴款待訪港的美國副總統尼克遜（Richard Nixon）。一九六二年，經營了五十三年的金陵酒家，因舊樓拆卸而結業。

英京酒家

英京酒家於一九三八年開業，二次大戰後由粵港酒樓業巨子陳福疇接手經營，耗資十萬元，打造成香港最具規模、最華麗的酒樓之一。英京酒家位於灣仔莊士敦道，標榜由原廣州四大酒家的四大名廚掌勺，並有「西關七美」之稱的女侍應坐鎮，菜式以山珍海味和魚翅聞名，在飲食界中盛極一時。

英京酒家樓高五層，地廳入口設有古銅色電梯，地下一樓是茶廳，二樓是酒家的大廳，三樓是酒家專用層。四樓是大禮堂金鑾殿，裝潢擺設以清宮風格為主調，場地全用仿古紅木酸枝傢俬，雕樑畫棟，以通花木間隔作屏風，天花有凹凸彩色浮雕圖案，可筵開百席，由女侍應負責招待，曾作為舞廳夜總會和舉辦選美活動。五樓是貴賓房間，供私人飯局、社團宴會等。酒家外牆裝霓虹燈，並以對聯形式寫著「英京酒家國際宴會中西酒菜」、「廣州四大酒家廚師世界知名」。

一九四一年七月一日，宋慶齡在英京酒家舉行了保衛中國同盟（保盟）的「一碗飯運動」開幕典禮，向香港各界一百五十多位知名人士講解「一碗飯」的意思，並當場捐贈了孫中山生前珍藏的墨寶和文物，反應熱烈。英京酒家在二樓一連三日接待前來捐款響應的顧客，並免茶費。九月一日「一碗飯運動」在英京酒家舉行結束典禮，宋慶齡向十三家食肆頒發「愛國模範」錦旗，並向英京、小祇園、樂仙三家食肆的老闆高福中、歐陽藻裳、龐永樂等贈送孫中山遺寶「努力向前」作為特別鼓勵。

英京酒家在四十年代加入中西合璧的菜式，以迎合外國遊客，如酥炸雞肝、核桃炒雞丁、粟米斑塊、蝦多士、咕嚕肉等。二戰結束後，酒樓恢復營業，以豪華氣派作招徠，廣告以「樓高五層」、「金鑾大禮堂」、「冠冕堂皇」、「七彩大舞池」為賣點，帶頭推出一百二十元一席的蟹黃魚翅席，和九十八元的蟹黃燕窩席，菜式包括貴價的響螺斑雀片。

一九五九年三月，英女王伊利沙伯二世王夫菲臘親王，以愛丁堡公爵（Duke of Edinburgh）身份訪港，香港各界士紳聯合於英京酒家金鑾殿設宴歡迎，三百多人出席。六十年代，英京酒家是香港其中一家曾舉辦「滿漢全席」的酒家。

英京酒家於一九八一年結業，五層高的戰前建築物重建為大有商場。

陸海通集團

陳任國（一八六二—一九三六），廣東台山水南鄉人，曾到美國經商，在舊金山（三藩市）開設保滋堂藥肆。他是同盟會成員，曾多次捐款資助孫中山起義，但從不以革命先進自居，一志經商，來港後創辦陸海通有限公司拓展實業，先後開辦陸海通人壽保險公司、陸海通藥行、陸海通旅館。

一九三一年，陳任國、陳符祥父子以十二萬元購入灣仔海旁告士打道六十七至七十七號，改建成旅店，一九三三年十月六日開幕，名為「六國飯店」，樓高七層，是當時灣仔區最高的建築物。飯店分設中西菜部，是香港首間設中菜廳的酒店，並提供上門會菜。一九三八年因日軍侵華，北方商家紛紛到香港暫避，多居停於六國飯店，故飯店特別加設四川菜。三十年代，六國飯店中菜部的名菜有紅燒包翅、爛雞生翅、桂花炒翅、蟹黃煎窩、生扣鴛鴦雞、龍穿鳳翼、金陵大鴨、羅漢扒鴨、百花白鴿、炒鵪鶉鬆、清湯鮑片、柚片金山鮑、上湯廣肚、白灼螺片、雲腿螺片、桂花斑卷、油泡帶子、燕窩鷓鴣粥等等。

香港淪陷期間，日軍徵用六國飯店，改名「千歲館」，作為日本高級官員俱樂部。戰後，飯店曾被英軍徵用。一九四八年英國作家李察美臣（Richard Mason）在六國飯店住了四個月，體驗灣仔吧女生活，編寫了小說《蘇絲黃的世界》，後拍成著名電影。一九六〇年，六國飯店設立仙掌夜總會，一九七一年改名為甘露夜總會。一九八九年六國飯店重建為六國中心，成為香港第一家酒店暨寫字樓的建築物，酒店部份改名為「六國酒店」，中菜部為傳統粵菜「粵軒」，以廣東燒味馳名。二〇一六年，行政主廚馬榮德以推出「黯然銷魂飯」（叉燒荷包蛋飯）而聞名。

陸海通集團於一九三〇年投資九龍彌敦道三七二至三七八號，建成「彌敦酒店」，內設中菜部及 Nathan Café，設有「爵爺茶市」，每位四毫，包括茶和點心共九款。酒店於一九六八年九月三日重建開幕，內設彌敦酒樓、夏瑤夜總會、醉香居、嵩雲廳，一九七四年再開設地茂館小菜。彌敦酒樓是六、七十年代彌敦道規模最大的一間酒樓，是著名的婚宴場所，可同時筵開二百五十席。

陸海通集團還在青山灣買地投資「容龍別墅」，於一九三九年開業，設房舍租賃及海鮮農家菜餐廳，由於位置鄰近咖啡灣，容龍又設帆艇租賃、泳灘更衣設備等，是香港著名旅遊景點，多部香港電影在此取景拍攝。一九九三年容龍別墅重建開幕，名為「容龍海鮮酒家」，自二〇一一年起連續七年獲米芝蓮評為推介食肆。

大同酒家

香山小欖人馮儉生，一九二五年於中環德輔道中和文華里交界創辦大同酒家，以傳統點心和粵菜作招徠，聘請廣州名廚來港主理。一九二七年大同酒家舉辦香港首次的「滿漢全席」。三十年代，大同酒家在香港酒家業中首屈一指，馮儉生也成為太平紳士。二戰結束後，大同酒家、廣州酒家、金陵酒家和大金龍酒家，被譽為香港四大酒家，並以婚宴、壽宴和企業晚宴等生意為噱頭，向宴會的客人贈送象牙筷子留念。

三十年代，廣州四大酒家售賣五蛇羹，號稱得太史第蛇羹真傳，並以此為招徠，其後在香港分店推出。日軍侵華，江太史一家避居香港，大同酒家得江太史允許，把出售的五蛇羹名為「太史五蛇羹」，大受歡迎，粵港酒家爭相仿效，為蛇羹冠上「太史」二字。

大同酒家於一九二七年搬到山道和皇后大道西交界處，全幢樓高五層，門面堂皇瑰麗，樓下設卡廂座，兼營西式冷熱飲品及下午茶座；二樓至五樓各十二間貴賓廳房。大同酒家主打傳統粵菜，名菜有脆皮雞、燕窩白鴿蛋、三蛇龍虎鳳大會，焗釀黃花雀、雞子戈渣、紅燒大裙翅、紅燒果子狸、陳皮扒鴨掌、上湯泡肚仁、上湯泡田雞扣、雞腳燉山瑞、燕窩鷓鴣粥等，馮儉生特別重視大同足料上湯。

二次大戰後，香港各大酒樓酒家曾做過百多次清代「滿漢全席」或「大漢全筵」，據說大同酒家曾做過六十多次。一九五九年，大同酒家推出「大漢全筵」，並曾刊印其菜譜小冊贈送賓客。

當年大同酒家的「大漢全筵」菜式如下：

四大菜：嘉禾官燕、飛鵬展翅、廣松仙鶴、京扒紅掌

八式熱葷（每位上）：雪耳蛤蛋、白灼香螺片、鬆子會龍胎、油泡北鹿絲、珊瑚北口蛤、合時蔬鴨脷、雀肉淡水蝦、蘑菰扒鳳掌

四座菜：京扒全瑞、海上時鮮、紅烤果狸、婆參蜆鴨

四式燒烤：大紅乳豬、掛爐大鴨、大同脆皮雞、蝦兒吧

四熱炒：桂花脊髓、蛤扣雞皮、金笋鴿條、比翼鴛鴦
到奉點心一度：金魚玉液卷、爹步路西谷
第一度各食鹹點：瑞草靈芝、翡翠秋葉、上湯雞粒蜆粉
第二度各食甜點：巴黎摩戟、步冧香菊、桂花時果露
第三度各食鹹點：寶蝶穿花、鳳舞平沙、蟹螯片兒麵
第四度各食甜點：皇后鬆夾、附厘奶堆、地門桃露
四冷雙拼：四看菓、四生菓、四京菓、四蜜碗、四水菓
四糖菓、四小菜、木絲湯、瓜子杏仁手碟
附：歐式菓盤全座、粉塑美化福祿壽三星像、八大仙及五瑞獸

八十年代，大同酒家原址改建為商業大樓，大同遷往西營盤，由植榮接手。九十年代，植榮移居外國，大同酒家結業。

新同樂魚翅酒家

新同樂的創始人袁傑（一九一二——一九八六）祖籍廣東中山，十三歲來香港，五年後創辦四利魚翅莊，坊間稱他為「魚翅大王」。一九四三年，袁傑與弟弟在皇后大道中三五四號開設了以魚翅菜式馳名的同樂酒家。

袁傑的兒子袁兆英，十五歲起跟著父親學習做魚翅生意，成為袁傑的左右手。一九六九年袁傑與弟弟在生意上分道揚鑣，袁兆英便協助袁傑在銅鑼灣邊寧頓街開設了新同樂酒家。

七十年代是香港經濟騰飛的時期，廣東人愛吃魚翅，並以此為身份的象徵。新同樂的魚翅吸引了一眾名流食客，包玉剛、鄧肇堅、邵逸夫等名流富豪都是新同樂的常客，於是新同樂便有了「富豪飯堂」的稱號。七十年代初，香港股市暢旺，市民消費的能力提升，新同樂以推出富貴餐「魚翅撈飯」而聞名，以上湯煨煮的魚翅，配蛋炒飯或白飯來吃。

一九七三年香港股災，但新同樂生意未受影響，翌年在尖沙咀開設第一家九龍分店，一九七六年在窩打老道開設九龍第二家分店，並在跑馬地開設分店。一九八一年，新同樂在海港城開設了旗艦店，生意進入鼎盛時期。除了本地食客，新同樂也吸引了大批日本遊客，常有日本豪客一擲萬金品嘗鮑翅晚宴。一九八三年袁兆英在中國台北開設了新同樂魚翅餐廳。

一九八六年袁傑去世，袁兆英全面接手新同樂。一九九七年亞洲金融風暴，香港餐飲業進入困境，袁兆英改變經營模式，一九九九年在鰂魚涌開設價位較低的同樂軒，也在銅鑼灣開設年輕化的翅世代。二〇〇一年十一月三十日，新同樂全線結業。二〇〇七年新同樂在跑馬地毓秀街復業，後搬到尖沙咀美麗華商場。二〇一一年新同樂獲得《香港澳門米芝蓮指南》三星的最高評價，是歷史上第二家獲得米芝蓮三星的中餐館。隨後新同樂與投資商合資在北京王府井開分店，在印尼雅加達也開了分店。二〇一三年新同樂在中環士丹利街開設港島分店，兩年多後結業。

傳聞由於新同樂是全世界唯一一家以魚翅為招牌菜的米芝蓮三星餐廳，在各類反對魚翅貿易的組織，包括世界自然基金會（WWF）的壓力下，米芝蓮將新同樂降為二星。

鏞記酒家

一九三六年，創辦人甘穗煇頂手廣源西街鏞記茶檔的大牌檔牌照及店鋪，並沿用店名，開設燒味大牌檔。一九四二年，駐港日軍有意取締大牌檔經營模式，甘穗煇遂以四千元買下永樂街三十二號華南冰室店鋪，並把大牌檔牌照改為鋪位飲食牌照遷入經營，改名為「鏞記飯店」，以一碗燒鵝飯售日本軍票一元九角以作招徠。

一九四四年，永樂街地鋪遭炸毀，暫時遷至灣仔鵝頸橋僑民飯店，買枱繼續經營，取名「僑民（鏞記）飯店」。

第二次世界大戰結束後，甘穗煇用七罐煤油承租砵甸乍街三十二號原楚雲樓店鋪，繼續經營飲食，取名「鏞記酒家」。一九五三年，鏞記酒家租下隔鄰新都麵家店面，擴充營業。一九六四年，砵甸乍街鋪位拆卸重建，鏞記首次自置物業，買下威靈頓街三十二號原大景象酒家舖址營業。

一九六四年，甘穗煇到東京參觀夏季奧林匹克運動會，見到入場觀眾吃便當，回港後用紙盒製成中式飯盒，開創香港中式飯盒先河。

六十年代後期，時任菲律賓總統馬可斯（Ferdinand Marcos），用專機把鏞記的炭燒燒鵝空運回國享用，被譽為「飛天燒鵝」。鏞記後來將外賣燒鵝的包裝改良，方便遊客攜帶。

一九七八年，威靈頓街三十二至四十號的「鏞記大廈」落成，同年創辦人甘穗煇退休，由兒子甘健成等接棒管理。

一九八二年，鏞記推出主打懷舊飲食文化的「塘西風月宴」。一九八二至九二年間，鏞記參與香港旅遊發展局舉辦的「美食大賞」推廣，曾多次獲獎。一九九二年，澳門回歸祖國，葡萄牙首相經香港回國，在鏞記設晚宴。一九九七年，香港最後一任港督彭定康（Chris Patten）邀請德國總理科爾（Helmut Kohl）到鏞記用膳。

一九九八年，鏞記承辦金庸在台北西華飯店的「金庸大師宴」，回到香港後，鏞記舉辦「射鵰英雄宴」，創名菜「二十四橋明月夜」。

二〇〇〇年，鏞記與香港國泰航空合作，推出三十四款以「中華美食篇」為題設計的中式飛機餐單。二〇〇二年，鏞記「燒鵝盆菜」成為國泰航空餐單之一。二〇〇一年，香港旅發局民調顯示，「飛天燒鵝」名列香港十大旅遊手信之一。同年，香港禮賓府為回歸五週年慶典舉辦晚宴，鏞記負責提供部份中菜。

二〇〇二年，鏞記六十週年紀念，適逢創辦人甘穗煇九十大壽，與保良局合作在香港禮賓府舉辦一連三日慈善籌款晚宴。二〇〇〇至〇二年，泰國時任總理他信（Thaksin Shinawatra）和詩琳通公主（Princess Sirindhorn）多次到鏞記用膳。二〇〇三年，時任比利時總理伏思達（Guy Verhofstadt）以及美國總統布殊（George Bush）分別訪港，都曾到鏞記酒家用膳。二〇〇七年香港回歸十週年慶典，鏞記參與菜單及負責主理所有中菜。

二〇〇九年，鏞記「掛爐燒鵝」獲中國國家旅遊局及廣東省人民政府頒發「中國粵菜十大名菜二〇〇九」獎狀。鏞記酒家著名粵菜菜式有：炭燒掛爐鵝、一品鵝煲、禮雲子蛋青、蜜汁吊燒鵝掌紮、鵝髻魚雲羹、太子撈麵（鵝油撈麵）、松子雲霧肉、釀油炸鬼等。

陸羽茶室

陸羽茶室由馬超萬和李熾南於一九三三年六月十一日創辦，初時開業於中環永吉街六號，後因業主收回單位，一九七五年搬遷到中環士丹利街二十四號現址營業至今，自置物業名為陸羽大廈，陸羽茶室的部份共三層，每層皆有三個廳房。

三十年代的香港，飲食文化受廣州影響，興起一盅兩件的品茗文化，大量茶室、茶居、茶樓湧現。當中以茶室最為高檔，顧客以名流士紳、富商巨賈、粵劇名伶為主，而茶居和茶樓則較為平民大眾化。陸羽茶室以「茶聖」陸羽命名，以精品好茶作招徠；茶錢亦可反映其市場定位，早期陸羽茶室的茶錢是六仙，其他茶樓大多是四仙。從開業第一天開始，陸羽茶室就走高級茶室路線。除茶市點心外，晚上也經營酒席，供應鮑參翅肚等貴價菜式，價錢比一般平民酒家茶樓為高。

陸羽茶室的裝修古色古香，以嶺南風格為主，譬如茶室內的櫃枱、老廣州的柚木門柱浮雕、酸枝傢俱、吊扇屏風、國寶級的字畫墨寶等，加上西式大鐘、意大利玻璃彩畫等，營造出博物館的氛圍；枱旁放置痰盂，方便客人吐痰和把涼了的茶倒掉，正好見證陸羽茶室作為香港開埠以來歷史最悠久的廣東茶室之一。

多年來，陸羽茶室的點心款式和味道基本不變，不少懷舊點心現在其他茶樓已經很少做了，例如淡水鮮蝦餃、煎粉果連湯、脯魚蝦燒賣、脯魚燒腩卷、雲腿糯雞卷、紫蘿火鴨批、蔥油叉燒角、百花釀魚肚、欖仁生蹄糕、蝦仁荷葉飯等；經典菜式包括紅燒大包翅、杏汁白肺湯、珊瑚桂花翅、雲腿鴿片、鳳城煎蝦餅、鹽焗雞等。

國賓／聯邦酒樓

「聯邦酒樓集團」是香港一間中式飲食集團，由譚啟明、譚泰、程廣基、鍾逸民創辦。四人於一九六九年開設金章酒樓，並於一九七二年開設金輪大酒家。

一九七六年，在油麻地彌敦道開設「國賓大酒樓」。翌年，日本 TBS 電視台以港幣十萬元委託國賓大酒樓舉辦「滿漢全席」，分為兩天進行。當時動用百多人，花費近三個月時間完成，過程通過人造衛星直播至日本。

一九八一年，長沙灣青山道開設了第一家以「聯邦」命名的大酒樓；一九八六年，再在上環信德中心開設多一間面積七萬呎的聯邦大酒樓，可以同時筵開二百席。同期投資開設的還有金煌大酒樓、黃金大酒樓、杏花邨海鮮酒家、國禧大酒樓等，發展成連鎖集團。在決定把集團名選為「國賓」或「聯邦」時，因為聯邦大酒樓的店舖多是自置物業，而國賓大酒樓是租舖，為免除日後舖位續租問題，所以統一選用「聯邦」品牌命名。從此「國賓大酒樓」改為「聯邦大酒樓」。

二〇〇三年，集團在荃灣愉景新城開設第一間「金滬庭」京川滬菜館，後開設四家分店。同年又在鑽石山荷里活廣場開設「泰棧」泰國料理，二〇〇六年在將軍澳開設分店。

聯邦酒樓集團提供餐飲、中西式婚宴及大小形式宴會服務，並開拓多元品牌，包括聯邦郵輪宴會中心、聯邦皇宮、聯盛宴、香江茶室及 The Old Hangar。二〇〇五年，集團突破傳統酒樓概念，開設「聯邦金閣酒家」，一站式為客人提供中、西、日美食。

楓林小館

楓林小館的老闆彭展南一家早在一九四九年來港發展，彭氏家族出身於書香世代，彭展南和其兄弟皆在上海復旦大學畢業，長子彭鑒汀也是大學生。當時他們在沙田舊墟向政府申請了一間月租幾十元的小店，名為「楓林」（以家鄉陸豐楓林命名），除了經營小食之外，另請廚師負責主理炒粉麵飯。

五十年代，沙田是市區人士假日郊遊的好去處，彭氏看準機會，把小食店轉型為高級粵菜餐館，推出一些拿手粵式小菜作招徠，例如紅燒乳鴿、山水豆腐、豆豉雞、荔芋香酥鴨、煎封釀豆腐、脆皮奶、椒鹽焗中蝦及蝦子柚皮等。自從一九五三年安裝了冷氣後，楓林便吸引了很多明星光顧，如白燕、謝賢、胡楓及白雪仙等。七十年代政府計劃大規模發展沙田市中心，彭氏家族於一九七六年耗資一百七十一萬元，購入沙田大圍村南道四十五至四十七號地下B及C舖連閣樓，總面積約七七四〇平方呎，作為楓林小館的總店。一九七五年，彭氏於尖沙咀加連威老道開設市區第一間分店，一九六〇年於銅鑼灣禮頓道再開分店，之後也曾在西貢開設過分店。

一九六八年，楓林小館開始拓展至香港以外，在台北、馬來西亞怡保和美國加州等地開設分店，單加州就開了五間，例如洛杉磯環球片場入口處、金山灣區的金寶市（由彭鑒汀的四叔彭成斌設計）和舊金山國際機場。彭家最高峰時期共有十一間餐館，都是由彭氏子弟親自打理，生意全盛時期是一九九〇至一九九七年。由於彭家第三代主要是在外國受教育，無意繼承祖業，二〇〇五年，彭氏家族以三點八億元把集團旗下的雍雅山房轉售予百樂集團發展高級住宅屋苑，同年楓林小館在美國大部份分店結束。二〇一六年，大圍的楓林小館總店以三億元售出，結束集團六十多年的飲食生意。

稻香集團

稻香集團由鍾偉平創立，是香港一間大規模的上市中式餐飲集團，擁有幾十間食肆及餅店，遍佈香港及華南地區，並積極開拓東南亞市場。集團業務範疇廣泛，一直以「多品牌」及「多菜種」策略經營中式酒樓，亦專注發展烘焙品牌（泰昌餅家）、時令及中式食品等。

一九九一年，第一家稻香海鮮火鍋酒家開業，以「一蚊兩象拔蚌」打響名堂，迅速加開分店。一九九六年一月一日，稻香全線晚市推出「一蚊雞」帶起人流。稻香集團重視環境及食品安全，二〇〇二年成為首間考獲「五常法」認證管理的酒樓集團，發展出一套全面的優質環境管理系統，令業務蒸蒸日上。

二〇〇三及〇七年，稻香集團分別於香港及東莞設立中央食品加工及物流中心，採用中央採購及生產模式，將食品製作過程自動化、規格化及標準化，設有先進的實驗室和食品安全監測設施，提高原材料及食品的安全品質監控，更將包裝及分銷等多個工序以一站式中央處理，提高生產力及營運效率。二〇〇五年，物流中心成功考獲「ISO9001-2000」認證。二〇〇七年，稻香集團在香港聯合交易所主板掛牌上市。

自二〇〇一年起，集團全資贊助「稻苗培植計劃」，是香港首個中式酒樓管理課程，獲香港職業訓練局認可為專業文憑課程，在二〇一二年成為「VTC稻苗學院」，為業界培育出更多管理專才。二〇〇五年，粉嶺「稻鄉人類飲食博物館」開幕，推廣飲食文化；二〇一六年「稻香飲食文化中心」開幕。

截至二〇一七年，稻香集團擁有的品牌有：稻香海鮮火鍋酒家（一九九一）、稻香超級漁港（二〇〇〇）、客家好棧（二〇〇二）、迎囍大酒家（二〇〇二）、潮樓（二〇〇三）、鍾菜（二〇〇四）、上樓（二〇〇五）、稻香（二〇〇七）、燒一流（二〇〇七）、HIPOT（二〇〇八）、鍾廚（二〇一三）、鍾菜館（二〇一二）。

利苑酒家

利苑酒家成立於一九七三年，由一家傳統粵菜酒家發展成為國際高級食府集團，在香港、澳門、北京、廣州、深圳、上海、成都及東南亞多個城市，共擁有二十家分店，在香港興建食品工場，也在湛江興建農場，為集團提供優質食材。

利苑酒家由民國時期廣州「南天王」陳濟棠的幼子陳樹杰創辦，三十多年來，他堅持不懈地教育員工「利盡百方，先利人終利己」的價值觀，被稱為陳校長。

八十年代，陳樹杰開創中式酒樓業的簡報會管理模式，每日開市前舉行小型會議，由店長訓示部長級，再由部長講解給樓面員工，讓全體員工充分了解當天的服務及營銷情況，增強員工的業務知識及服務素質。這種管理模式後來遍及海峽兩岸與香港、澳門，以至外地的華人中餐館。

利苑酒家素有「名人飯堂」及「飲食界少林寺」之稱，擅長把中國及世界各地的食材融入傳統粵菜中，不斷創新，以迎合客人需要及時代的轉變，更培養出多名傑出的粵菜廚師。利苑集團的業務遍佈香港、澳門、中國內地及新加坡，一向以燉湯、海鮮、鮑參翅肚、精美小菜及點心馳名。

幾十年來，利苑酒家創出上千款領導潮流的菜式，包括一九八一年在香港首創XO醬，及一九八七年在新加坡推出的楊枝金露。二〇一〇年，利苑集團開創新品牌「利小館」，以中檔消費者為對象。利苑酒家多年來獲獎無數，二〇一〇年五家利苑酒家同獲《香港澳門米芝蓮指南》一星評級，至今於亞太區已累計榮獲九十三顆米芝蓮授星。

蓮香樓

創辦於一八八九年的廣州蓮香樓，本來是廣州西關一間專營糕點的糕餅店，因首創純正蓮蓉月餅而馳名，月餅以湘蓮作餡料，顏色金黃、幼滑清香。一九一〇年，當時廣州號稱「茶樓大王」的譚新義收購了該店並重新集資，初時取名為「連香樓」，以名茶美點和禮餅月餅為賣點，後來兼做晚市和包辦筵席。一九一一年，翰林學士陳如岳品嘗過連香樓出品的月餅後，大讚其蓮蓉做得出色，並題字「蓮香樓」，自此易名，更有「蓮蓉第一家」的雅號。

一九二六年，廣州的蓮香樓在香港皇后大道中開店，取名「省港蓮香樓」。蓮香樓樓高四層，每層賣的食物都一樣，但價錢不同，以二樓為最貴，其次是三、四樓，樓下最便宜，於是出現了茶錢不同的「兩仙廳」、「三仙廳」、「四仙廳」和「五仙廳」。這是因為當時沒有電梯代步，越上高層便越辛苦。蓮香樓請來棋壇高手在包房對局，又在大堂掛了巨幅棋盤現場推盤，每日棋局成了城中佳話。

蓮香樓的特色是茶客要自行找座位或搭枱，茶杯是特製的，印有「香港蓮香樓」字樣，並以蓮花荷葉圖案作裝飾，茶盅和洗杯用的瓷器兜也印有蓮香樓標誌。

一九四九年內地解放後，蓮香樓與廣州蓮香樓分家，香港店獨立經營。五、六十年代，蓮香樓曾設歌壇，聘請名伶唱粵曲，並免費派發歌詞紙。後來聽曲風氣沒落，蓮香樓停做晚市。一九九六年，遷往威靈頓街一一七至一二一號，恢復晚市生意，供應傳統廣東家鄉菜，招牌菜式是八寶鴨，鴨中有蓮子、冬菇、蝦米和蛋黃。

大班樓

大班樓於二〇〇九年在中環九如坊由鄧天和葉一南聯合創辦，兩人均有投資餐飲的背景：鄧天八、九十年代在港島、九龍經營逾三十家酒樓；葉一南則是在澳洲留學時開始經營餐廳，中菜、日本菜都曾經涉足，其中最為人所知的莫過於在一九九二年創立，位於坎培拉的「The Chairman & Yip」。大班樓的英文招牌「The Chairman」，便是採用了這個名字。

餐廳標榜不做鮑參翅肚等典型中菜名貴菜式、做菜沒味精、採用最新鮮食材，除了牛肉和羊肉是從外國入口，其他食材都是以本地為主，佔了菜單的九成以上。每天早上，大班樓所聘的退休漁民「阿十」會到香港仔魚市場採購海鮮；員工會到知名豆品廠「樹記」買頭輪腐竹；雞肉、豬肉、蔬菜是每天新鮮送貨的本地農場品；醬油、欖角、鹹檸檬等都是香港老牌醬園的出品。大班樓在上水有自家農場，做生曬臘肉、醃漬品，種植蔬菜，供應菜單部份所需。

大班樓顛覆傳統中餐廳的做法，並不熬製上湯，而是自家煉製不同的油和汁，如蝦油、蟹油、魷魚油、雞油、豬油、香茅油、蔥油、辣油等，以及牛肉汁、鵝汁、雞汁、蜆汁、魚汁等，用在調味或者烹調上。大班樓在味型上做出了自家風格，受到食客認同。

大班樓的招牌菜是鹹魚臭豆腐、炭火厚切叉燒、荔甫鴨盒、雞油花雕蒸花蟹配陳村粉、魚米粥蝦籽琵琶蝦、樟木煙燻黑腳鵝、十八味豉油雞、梅乾菜扣肉煲仔飯、杞子雪糕等。

大班樓在「亞洲五十最佳餐廳」以及「世界五十最佳餐廳」榜單上屢獲殊榮，揚名國際；另外，在二〇一二年亦被《香港澳門米芝蓮指南》頒發一星評級。

（特別鳴謝謝嫣薇女士提供本文）

明閣

香港康得思酒店的明閣於二〇〇四年開業，自二〇〇九年起連續十六年於米芝蓮摘星；另外，明閣自二〇一八年起連續七年獲得《黑珍珠餐廳指南》一鑽榮譽。

明閣的主廳設計風格融合現代及中國傳統元素，一系列仿明陶瓷器擺設，襯托四面掛了當代著名中國藝術家的山水畫，優雅脫俗。明閣的宴會廳設計簡潔時尚，營造高雅舒適的氛圍。明閣的酒窖，收藏了三百多款來自世界各地的醇酒及陳年佳釀。明閣經營高級粵菜，著名的菜式有至尊蜜汁叉燒、炸子雞、濃湯花膠雞絲翅、酥炸釀鮮蟹蓋、遠年陳皮和牛面頰。

龍景軒

主打高級粵菜的龍景軒，二〇〇五年在四季酒店四樓開業，坐擁遼闊的維多利亞港美景，格局開揚。「龍景」之名，源自餐廳遙望對岸九龍的景觀。龍景軒參考精緻法餐的配套，成為中菜界聘請侍酒師坐鎮的先驅，提升了中菜的服務水平，進一步培養了中菜從業人員的品味。

龍景軒自開業以來屢獲殊榮，其中最顯赫的，莫過於來自國際餐飲界評鑑權威「米之蓮指南」的肯定。二〇〇九年，《香港澳門米芝蓮指南》首次發行，龍景軒即摘下最高榮譽的三星評級，是全球首家獲頒三星的中餐廳，成績蟬聯了十四年。從二〇一三至二〇二一年，龍景軒連續九年被選為亞洲五十最佳餐廳。

嘉麟樓

一九八六年開業的嘉麟樓（Spring Moon）粵菜餐廳，位於尖沙咀香港半島酒店一樓；半島自一九二八年開業以來，一直是亞洲酒店業標杆。八十年代，香港半島酒店的母公司香港上海大酒店集團，計劃在旗下的酒店與物業開設四家高級中菜廳，以「亭、臺、樓、閣」配對「龍、鳳、麟、鹿」四靈為名，「嘉麟樓」由此以來。另外三家餐廳分別為「環龍閣」、「起鳳臺」及「引鹿亭」。最終引鹿亭從未開業，環龍閣經已易名，起鳳臺則是東京半島酒店中菜廳。

嘉麟樓廳面裝潢的主調，是仿照香港半島酒店初開業時的中式菜館而設計。餐廳於一九九八年底重新裝修，選用古典柚木屏風、彩色玻璃、藝術擺設等，以二十年代上海懷舊風格設計，營造出有如置身中式雅致家居用膳的體驗。餐桌食具方面，嘉麟樓用了不少半島酒店的舊銀器系列，例如銀製中式帆船形筷子架，是為嘉麟樓其中一個特色標誌。

嘉麟樓主要供應高級粵菜，自二〇一六年起，連續八年獲頒米芝蓮一星。嘉麟樓在點心和粵菜方面傳統創新兼善，著名菜式包括焗釀蟹蓋、炸蟹鉗、脆皮炸子雞、大鮑片配海蜇、桂花炒蝦絲、玉簪東星斑卷、高湯蛋白燕窩石榴球等等。二〇一二年起為回應環保，嘉麟樓已不再提供魚翅菜式。由嘉麟樓創製的「XO辣椒醬」，後來成為現代港式粵菜其中一種重要醬料；嘉麟樓獨特的迷你奶皇月餅，以牛油酥皮配合全鹹蛋黃製成的奶皇餡，開創了港式新派月餅的先河。

文華廳

中環香港文華東方酒店的粵菜餐廳文華廳，在一九六八年開業，位處酒店頂層二十五樓，從餐廳可以眺望維多利亞港及中環至北角一帶景色。餐廳的面積雖然不大但瑰麗雅致，裝修以紫色作為主色調，用花梨木為主，襯托多盞髹漆鍍金搪瓷的吊燈。餐廳內放置了清朝鍍金及塗漆木製屏風，屏風上刻有描繪清朝三宮六院的場景。由於餐廳位處香港中區的心臟地帶，因此文華廳成為商務應酬的熱門選擇，其主要顧客不乏來自各界的商賈名流。

一九八五年，香港文華東方酒店為慶祝成立二十一周年，在文華廳舉辦了曾經是清朝宮廷盛宴的「滿漢全席」，宴會以鳥、魚及花為主題，為期三天三夜，邀請了三十位城中名人參與。餐廳內亦按傳統，擺設了展台及各式「看果」，以增添氣氛。當時為盛宴主理人、已故的酒店行政副經理黎炳沛先生曾憶述，是次宴請嘉賓的來回機票、住宿飲食加上人力及佈置安排等，一共花費超過百萬港元。

到了二〇〇五年底，香港文華東方酒店耗資超過十億港元，進行了一次大規模的翻新工程，於二〇〇六年九月二十八日重新開幕；至於文華廳則只作適度翻新，盡量保留了餐廳原有古色古香的味道，也同時把窗外的維多利亞港及中區景色襯托成為一幅風景畫。

二〇一二年，文華廳首次被世界餐廳食評《香港澳門米芝蓮指南》評為米芝蓮一星級餐廳，其後從二〇一四年起，餐廳連續十一年獲得一星評級。餐廳的點心及菜式包括了原隻鮑魚雞粒盞、黑椒和牛酥、懷舊灌湯餃、綠萼紅梅鴛鴦菌、玉鱗魚躍逐金波等。

（特別鳴謝鄔智明先生提供本文）

福臨門／家全七福

福臨門創辦人徐福全，是香港第一代富豪何東的家廚，在何家累積了極好的口碑與人脈以後，於一九四八年創辦了提供宴席到會服務的「福記」，服務對象以達官貴人為主。到了一九五三年，「福記」正式易名為「福臨門」，寓意「有福臨門」。在提供到會服務期間，徐福全還創立了「掛單制」，讓熟客以月結方式結帳。

一九六八年，六十一歲的徐福全退休，不再參與福臨門的日常業務，交給兩個兒子——排行第五、人稱五哥的徐沛鈞，和排行第七、人稱七哥的徐維鈞——打理。五哥管賬，七哥負責採購以及廚房出品，各司其職、互補長短。

一九七二年，福臨門正式開店，選址銅鑼灣駱克道，並在一九七七年於尖沙咀開設第二家門市，被譽為香港最早期的「富豪飯堂」。一九七九年，福臨門斥資八百五十萬元，購入灣仔莊士敦道的地舖以及樓上四層單位，部份用來經營自家酒樓。八十年代末，福臨門在內地以及日本多個城市開設分店，海外分店均由七哥徐維鈞與人合夥經營，五哥徐沛鈞並無參與。

二〇一二年，福臨門鬧出股權糾紛，第二代執掌人五哥徐沛鈞和七哥徐維鈞因此鬧上法庭，後來七哥徐維鈞全面退出福臨門業務，另創辦新品牌「家全七福酒家」。家全七福酒家成立於二〇一三年，貫徹福臨門路線，作為高級傳統粵菜食府，菜單與福臨門不差毫釐。徐維鈞於二〇一四年四月在上海浦西靜安嘉里中心開設家全七福分店，並於二〇一五年四月把集團旗下所有香港以外的分店正名為「家全七福酒家」。

福臨門在二〇一六年獲得《香港澳門米芝蓮指南》頒發一星評級。家全七福在二〇一七年獲得《香港澳門米芝蓮指南》推介，並在二〇二二至二四年榮獲米芝蓮一星，也獲評為「亞洲五十大最佳餐廳」及《黑珍珠餐廳指南》二鑽榮譽。

（特別鳴謝謝嫣薇女士提供本文）

卅二公館

卅二公館（MOTT 32）作為在全球屢獲殊榮的中菜品牌之一，足跡橫跨香港、拉斯維加斯、溫哥華、新加坡、杜拜、多倫多、曼谷、首爾、宿霧以及洛杉磯。二〇一四年，首家卅二公館在香港中環開業，以現代建築風格及烹調方式，融合歷史悠久的中國飲食文化及美食哲學，並以世界各地最優質的食材及特有風味，提供正宗而現代化的中國美食。

卅二公館致力採用有機及可持續發展的食材，並與本地農地與供應商緊密合作，以確保食品質量優越，是首家提供多款植物替代品菜式的中式高級餐廳代表之一。菜餚主要以廣東菜為主，融合了一些北京和四川的元素，並提供本地新鮮採購的海鮮、自家製的手工點心、上好神戶和牛、伊比利亞豬肉，還有以特製的工業用磚爐處理的四十二天飼養北京片皮鴨（蘋果木燒）。

卅二公館於二〇一四年 INSIDE 世界室內設計節期間，榮獲「年度世界室內設計」最佳設計獎，並繼續因其卓越的室內設計以及餐飲項目而獲獎，包括二〇一九至二二年亞洲最佳一百餐廳、二〇一七至二三年《南華早報》香港澳門最佳一百餐廳、二〇一五至一六年 Hong Kong Tatler 最佳二十餐廳，並在二〇一七年獲得米芝蓮推介。

鴻星海鮮酒家集團

一九八九年，首家鴻星海鮮酒家在尖沙咀彌敦道創立，集團至二〇一一年共開設十多家中式海鮮酒家（分別位於中環、尖沙咀、灣仔、荔枝角、九龍灣、將軍澳、紅磡、荃灣、銅鑼灣時代廣場、鰂魚涌太古坊），以及十三家其他菜系的食肆。

鴻星集團搜羅全球美食資訊，把全球各式食材物料，建立了龐大的資料庫，方便廚師參考融會；又在集團內部開辦鴻星大學，鼓勵員工進修，培訓領導骨幹；每年安排店長及廚師到歐洲、法國、日本等地遊學；鴻星廚師們積極參與各類美食推廣，多次隨同香港旅遊發展局到韓國、中國台北、新加坡、馬來西亞、泰國、日本等地作廚藝示範和交流，推廣香港美食；集團每年進行內部烹調比賽，透過比賽產生新思維，以提高廚藝水平。

九十年代，鴻星海鮮酒家以石頭魚和黃油蟹創製多款獲獎菜式，帶領潮流；一九九七年，舉行以著名小說家金庸筆下角色為題的「黃蓉宴」；二〇〇六年，香港貿易發展局在鴻星海鮮酒家舉行大型盆菜宴。

鴻星海鮮酒家歷年獲得獎項包括：一九八九、九二、九五、九九年旅遊協會主辦之美食比賽金獎；一九九三年憑「酒釀脆皮鴨」獲香港美食節最高譽白金獎；一九九七年鴻星行政主廚周權忠代表香港，在日本參加廚藝比賽，獲日本鐵人料理大賽冠軍；同年「香港十大餐廳」；一九九九年「食家心中的十大酒家」；二〇〇〇年「飲食男女」十大餐廳排名第二位；二〇〇三年憑「海棠炒野菌」獲旅遊協會主辦之美食比賽蔬菜組金獎；二〇〇四年美食之最大賞銀獎；二〇〇五年代表香港參加台北的世界廚藝邀請賽獲銅獎；同年美食之最中外薈萃組及炸組銀獎；同年香港十大名牌最具潛質服務品牌；二〇〇六年香港生產力促進局主辦最佳品牌企業獎之具潛質品牌企業；同年香港社會服務聯會「商界顯關懷」標誌；同年首屆亞洲蟹神大賽之最佳特色風味獎；同年憑「柑桔脆魚卷」獲美食之最大賞金獎；同年行政主廚周權忠獲中國烹飪聯會頒發「國際中餐大師」，鴻星榮登「國際中餐名店」；同年「香港中餐名店」；二〇〇七年中華（海外）企業信譽協會「我最喜愛的香港名牌」金獎。

除中式酒樓業務外，鴻星亦開設其他菜系品牌，包括錦井鮪魚專門店、牛藏和牛專門店、嚼江南、周記避風塘、Nuoc Mam 法式越南料理、Kimchee 韓國料理、韓屋韓國料理、潮州棧等。

第五章

名人名事

- 香港飲食名人
- 香港粵菜名廚
- 昔日粵菜盛事

香港飲食名人

＊排名不分先後，敬稱略

陳福疇

綽號「乾坤袋」，是經營酒樓的奇才。陳福疇祖籍番禺，一八八七年出生，十三歲投身酒樓業，十八歲在港開設慶陶陶、宴淘淘及富貴陶等酒家。一九〇九年，陳福疇與友人在廣州先後接手有「廣州四大酒家」之稱的文園、南園、大三元（廣州首家有電梯的大酒樓）及西園；同時還經營廣源醬園及永隆海味店。

自一九二七年起，陳福疇帶領廣州四大酒家南下在香港開業，十多年間在香港先後開設或接手管理的酒家有：東升酒家、大華酒家、金龍酒家、銀龍酒家、金城酒家、英京酒家六家。陳福疇為旗下酒家開創省港澳通用的禮席券，酒家聘用廣州名廚主理，為香港帶來了講究的廣府菜和鮑參翅肚菜式，以及精湛的烹調技巧。陳福疇所創的粵菜酒樓管理制度，有不少沿用至今，對香港粵菜的發展功不可沒。

二戰後，陳福疇接手經營灣仔英京酒家，耗資十萬打造成香港最華麗的酒樓之一，標榜由廣州四大酒家的名廚主理。一九四九年過身。

陳榮

一九一一年出生，番禺市橋人，父親是廣州謨觴酒家的樓面主持人，陳榮自小跟隨父親當酒樓雜工。十七歲時轉到廣州文園酒家、大三元酒家、陳塘京華酒樓工作，曾師承粵菜名廚吳鑾。隨後，他曾到東莞、太平、台山等廣東地區工作，抗戰時期曾在重慶擔任國民黨要員的大廚師，戰後來到香港，在幾間大酒家任職炒鑊。

一九五二年，陳榮獲《星島晚報》總編唐碧川邀請，在其雜誌《家庭生活》撰寫粵菜的製作方法，其後輯錄成《入廚三十年》一書共十四冊，更翻譯成英文。他亦著有《漢饌大全》、《中國點心》、《家庭食譜》等書，並主持電台節目教授烹飪。五十年代後期，陳榮在北角渣華道開辦了香港第一間正式獲香港教育司署承認的廚藝學校，該校的畢業生亦獲英國、美國、加拿大、法國、澳洲等國家承認，准許持證書人士以技術人員身份申請入境，造就了不少從香港越洋到海外工作的中菜廚師。

伍舜德

美心集團創辦人之一，北京清華大學名譽博士。他是企業家、飲食業泰斗，與弟弟伍沾德及嶺南校友建立靈活多變、不斷創新的餐飲王國，同時熱心教育事業，捐資助學。

伍舜德一九一二年生於廣東省台山縣，一九三五年以品學兼優的成績畢業於廣州嶺南大學商學院經濟系，在學期間屢獲榮譽，為嶺南大學的精英人物之一。大學畢業後伍舜德就職於六國酒店，因表現優越，翌年即獲擢升為飯店經理，及後兼任皇后戲院及皇都戲院經理。

憑藉這些寶貴的管理經驗，伍舜德於一九五六年與弟弟伍沾德及好友創辦美心集團。伍舜德以其過人才智、遠見及拚搏精神，將美心由一間西餐廳，逐步發展成為香港其中一家最具規模的餐飲企業，旗下分店有三百五十多間，業務範疇包括中菜、西菜、日本菜、快餐、西餅店、咖啡店等，其中美心月餅更是家喻戶曉的香港名物。

伍氏兄弟堅守「三益」精神：益員工、益顧客、益股東，同時創意無限，多次率先引入西方飲食新意，創立超前於時代的制度，例如將點心國際化、以取籌代替搭枱傳統、快餐先買票後取餐等等，不但奠定了飲食業現代化的基礎，更成為業界仿效的典範。

伍舜德亦熱心於內地教育事業，為家鄉台山、廣州中山大學嶺南（大學）學院、上海交通大學、北京清華大學等捐資助學。他多年來傾力支持內地建設，口碑載道，獲頒授北京清華大學顧問教授、廣州中山大學嶺南（大學）學院名譽教授、台山市和江門市榮譽市民等稱號。二〇〇三年過身。

楊維湘

香港餐務管理協會永遠會長，他是作家、商人及教育家，更是酒樓管理學的鼻祖，對飲食業邁向專業化、企業化的過程功不可沒。

出生於一九二〇年，楊維湘原是一位商人和對飲食有鑑賞力的作家，出於愛好，他在多家報章雜誌上撰文，對食物之取材、加工及烹調，都以專家水準作評價，成為一流的美食專欄作家，繼而投資及參與飲食業管理，半途出家卻以此為終生事業。三十多年來他管理過多間中菜酒家，包括金輪酒家、新康山大酒樓、東鑾閣潮州酒家、東湖海鮮酒家等，並任多間酒家的執行董事兼監督。

楊維湘多年來致力研究飲食業的經營管理學問，他認為要掌管一家酒家，首先要懂得寫菜，如果寫得不對，不是顧客不滿，就是酒家虧本；寫菜之人要懂斤両知時價，才能擔當重任。

八、九十年代，楊維湘開班教授其首創的酒家管理教學方式，積極舉辦過很多不同主題的講座，香港中文大學及各大飲食集團都曾邀請他作專題演講。楊維湘桃李滿門，前後為香港管理專業協會舉辦了十九屆的「經營管理及服務證書課程」，教授包括飲食業如何投資、如何挑選地點、如何申請牌照、如何裝修、人事管理、侍應服務、品質管理、貨倉管理，以及如何吸引顧客等等，學生來自澳門和內地十五個省份，甚至遠及美國。台灣也邀請楊維湘前去講學。截至香港回歸前，已開辦了共三十五屆飲食業管理課程，更為香港的酒店訓練內地員工。一九九八年，楊維湘獲法國美食會頒發「武士銜」，表揚他對香港飲食界的傑出貢獻；二〇〇〇年政府憲報宣佈，委任楊維湘等為中華廚藝學院訓練委員。二〇一四年過身。

楊先生以魯夫為筆名，著有七本有關飲食管理的書籍，包括《飲食業企業管理》、《飲食經營手冊》第一輯及第二輯、《粵菜常用物料彙編》、《香港粵菜筵席譜》、《潮菜美點精華》、《海味與乾貨大全》。

伍沾德

美心集團創辦人之一、美國春田大學名譽博士、中山大學名譽博士、香港大學名譽大學院士、香港嶺南大學榮譽工商管理學博士。對飲食專業貢獻卓越，擁有企業家精神和創新思維，本著民以食為天的理念，不論經濟好與壞，市民總是有吃飯的需求，與兄長伍舜德及好友建立美心集團，為餐飲業界帶來多元化發展及現代管理模式。他亦秉持「取諸社會，用諸社會」的宗旨，身體力行，回饋社會。

伍沾德祖籍廣東台山，一九二二年出生，在大學時為提高及保證同學的膳食質量，帶動嶺南校友管理校內食堂，成績卓越，此經驗為他日後在飲食界的成功打下穩健的基礎。一九五六年，伍氏兄弟創辦美心，走中高端路線。當時的美心夜總會餐廳先後引入法國廚師、日本牛扒、歐美歌手等。

一九七〇年，世界博覽會首次在亞洲舉行，選址日本大阪，美心投得香港館的餐廳經營權，伍沾德帶領團隊專門介紹廣東菜及點心，於一百零三間展館餐廳中營利為第三高，成功突圍而出。

一九七一年，第一間翠園在尖沙咀星光行四樓開業，引入了「中式食品，西式服務」的概念。其後，美心創立多個中菜品牌，例如美心皇宮、北京樓、潮江春、潮庭等。時至今日，美心已發展成極具規模的餐飲集團，於香港、澳門、內地、東南亞擁有約八十多個品牌，超過二千間分店。

伍沾德多年來在商場披荊斬棘，百忙之中，仍不忘嶺南教育，常常來往北京、香港、廣州三地之間，致力教育工作，並堅定不移地支持香港旅遊業的發展，先後出任香港旅遊發展局委員、香港旅遊協會會長及名譽會長多年。伍沾德熱心公益，除了以個人及公司名義每年向香港公益金捐贈可觀的數目，更動員員工參與公益活動。他除了榮獲中國飯店的中華英才成就獎、金五星榮譽證章、推動行業發展功勳人物外，亦獲香港特區政府頒發金紫荊星章及銀紫荊星章，以表揚他積極參與公益服務，及對社會和餐飲業的莫大貢獻。二〇二〇年過身。

楊貫一

原籍中山，一九三二年出生，年少時逃難來香港，為了謀生進入餐飲業工作，創業前在高華酒樓、告羅士打大酒家等高級酒樓擔任部長。一九七三年香港股災，楊貫一伺準租金下挫的時機，決定自立門戶，組成六位股東創辦了富臨飯店，走中高檔路線，但生意不佳，股東們開始有離心。一九七七年，富臨股權重組，繼續由楊貫一掌舵，經營依然慘澹，但楊貫一堅持下去。有一天，楊貫一到銀行商討貸款事宜，碰了一鼻子灰回到店裡，請大廚給他做個炒飯，怎知道連大廚也欺負他，說：「要炒就自己炒！」楊貫一馬上衝到爐灶前自己動手炒飯，炒完了，還邊吃邊流淚，不過這個打擊讓他更下定決心，要把富臨飯店做好。他發現只賣小菜利潤不高，是富臨飯店當時的癥結所在，而許多主打鮑參翅肚的酒家雖然菜品賣得貴，卻客似雲來，這啟發了楊貫一。八十年代，年過半百的楊貫一開始鑽研乾鮑，歷時三年才研發成功，經過傳媒報導後為人所識。

一九八六年，在船王包玉剛的推薦下，楊貫一到北京釣魚台國賓館為國家政要鄧小平獻技，鄧品嚐後說了這麼一句：「正因為中國改革開放，才有今天的鮑魚好吃。」一九八八年，富臨飯店由駱克道四七九號遷至同街的四八五號新店，標誌富臨這個品牌進入新階段。此後，楊貫一陸續受到不同國家的邀請，周遊列國去為國家總理、總統、領導人煮鮑魚，將粵菜文化帶上國際舞台，「阿一鮑魚」因此馳名中外，楊貫一亦順理成章成為富臨飯店的形象代言人。

一九九二年，楊貫一獲選為「歐洲名廚聯盟亞洲區榮譽會長」；一九九五年成為世界御廚協會會員、獲得法國廚藝大師最高榮譽白金獎；一九九九年獲法國農業部最高榮譽勳章；二〇〇〇年榮晉世界御廚藍帶四星獎；二〇〇九年獲世界御廚協會的 Club Des Chefs Des Chefs(CCC) 選為「御廚中的御廚」，為全球首位獲此殊榮人士。香港政府亦分別於二〇〇三和〇七年頒發榮譽勳章和銅紫荊星章予楊貫一。二〇二三年過身。

富臨飯店於二〇一五年首獲《香港澳門米芝蓮指南》的一星評級，二〇一七年二星，二〇二〇年更晉級至最高榮譽的三星評級。

程基

又名程廣基，聯邦酒樓集團創辦人之一，一九三六年出生。一九五四年，程基帶著三塊錢由鄉下三水隻身來香港，跟隨父親學點心及跟叔公學粵菜，其後叔父介紹他到油麻地南國酒家，由洗碗仔、侍應做到部長。一九六九年，三十三歲的程基與譚啟明、譚泰、鍾逸民合作，創辦彌敦道金章酒樓，並於一九七二年開設山林道金輪大酒家。一九七六年在油麻地彌敦道開設國賓大酒樓（即現在油麻地聯邦大酒樓）。翌年，日本TBS電視台以港幣十萬元委託國賓大酒樓舉辦「滿漢全席」，分為兩天進行。當時動用百多人，花費近三個月時間完成，場面盛大，過程通過人造衛星直播至日本，哥倫比亞電視台衛星實況轉播，轟動一時。

程基先後經營過五十多家酒樓食肆，一九八一年在青山道開設聯邦大酒樓，一九八六年買下上環信德中心的七萬呎舖面開設聯邦大酒樓，同時買下美孚聯邦大酒樓及大埔道迎賓大酒樓。九十年代成立聯邦酒樓集團，擁有二十多家酒樓食肆，二〇〇六年程基出任集團董事長。二〇〇七年過身。

胡珠

胡珠的祖父和父親經營海味及酒樓，他於一九四八年出生，一九五六年入行，拜粵菜大師吳鑾為師。一九六五年，胡珠與吳鑾在百好酒樓為鄧肇堅操辦「滿漢全席」；一九六八年接手香港羊城食家，改為羊城酒家，並在短短不到十年內投資及主理好旺景酒樓、鼎鼎大酒樓、新光酒樓、金麟閣、新景酒樓，改變了香港酒樓業界的格局。新光酒樓高峰期在港九多達二十幾家，一九七九年在青島和昆明、一九八五年在多倫多等地開設八間新光酒樓。八、九十年代，胡珠分別操辦數次「滿漢全席」，包括於新光酒樓與名飲食節目主持人甄文達舉辦「滿漢華筵」，吸引不少外國旅客來港品嘗。一九九八年胡珠負責操辦添馬艦萬人盆菜宴，把新界圍村盆菜引入市區，吃盆菜從此成為風景。

胡珠是香港特區第一至六屆選舉委員會餐飲界代表、新光酒樓集團創始人及董事總經理、明天更好基金理事、香港健康快車基金信託人、香港學術評審局專家、國際餐飲聯合總會會長、現代管理（飲食）專業協會會長、香港餐飲業專業協會永遠名譽會長。胡珠也是香港餐飲界首位銅紫荊星章的獲得者，二〇一〇年在聯合國教科文組織的美食論壇上作為主辦人，推廣中國香港美食，二〇一二年獲聯合國秘書長潘基文接見並授予「聯合國人傑出公務員」勳銜。

鍾偉平

一九七五年，十五歲的鍾偉平由內地來港，身無分文，因酒樓包食包住，便到石梨貝的好時年酒家賣點心和做清潔工，很快就升做傳菜，再升做樓雜。在同鄉的介紹下，他轉到旺角天王五月花酒樓的點心部學師，一年多後轉到尖沙咀大華飯店廚部學師，翌年過檔九龍城世紀酒樓升做大師兄，之後再輾轉到海天大酒樓夜總會、砵蘭街春秋火鍋，做過上雜、師傅仔等等，做遍中菜廚房各個崗位。

一九九一年，鍾偉平創立稻香海鮮火鍋酒家，以「一蚊両象拔蚌」打響名堂，迅速加開分店。一九九六年一月一日，稻香全線晚市推出「一蚊雞」帶起人流，堅持以「抵食、好食」為宗旨，色香味美之餘，更重視環境及食品安全。二〇〇二年，稻香成為香港首間考獲「五常法」認證管理的餐飲集團，發展出一套全面的優質環境管理系統，令業務蒸蒸日上。二〇〇七年，稻香集團在香港聯合交易所主板上市。

除了主力經營中式酒樓，鍾偉平亦以培育餐飲人才為己任，致力改革傳統酒樓管理。自二〇〇一年起，集團全資贊助「稻苗培植計劃」，是香港首個中式酒樓管理課程，獲香港職業訓練局認可為專業文憑課程，在二〇一二年成為「VTC稻苗學院」，為業界培育出更多管理專才。二〇〇五年粉嶺「稻鄉人類飲食博物館」開幕，推廣飲食文化，二〇一六年「稻香飲食文化中心」開幕。

香港粵菜名廚

＊排名不分先後，敬稱略

梁敬

入行六十多年，行內人稱敬叔，生於一九一三年，順德碧江人氏，自小隨伯父梁邦在廣州陳村花酌館學習粵菜廚藝。來港後歷任數家酒家廚師，任職陸羽茶室主廚數十年，以撚手粵菜深為食家推崇。一九七〇年中，經食家唯靈及簡而清推薦，梁敬離開陸羽，香港皇家賽馬會以萬元月薪禮聘他為中廚總監，更配有私人秘書作翻譯，一時傳為佳話，被稱為「廚師狀元」。後來梁敬因不能適應馬會的外國人管理文化而請辭，自行創業，在中環街市對面開設敬賓酒樓，以烹調黃麖、果子狸、羊肉三絕享譽。可惜好景不常，敬賓酒樓關門後，梁敬告老還鄉。

他的拿手菜式有：陳皮牛肉餅、大良炒鮮奶、鳳城魚腐、炒魚球、砂鍋燴羊肉、花雕瓦罉雞、古法鹽焗雞、杏汁白肺湯、一品鮮荷葉飯等。

吳鑾

一九〇六年出生，諢號「胡鬚鑾」，人稱「師傅鑾」，為人敦厚好學，誨人不倦毫無保留，一生弟子無數。吳鑾十五歲在廣州勝記大牌檔當廚雜入行，曾來香港工作，後在廣州大三元執掌廚政，以招牌菜「六十元大裙翅」著名，人稱「翅王」，帶領大三元成為民國四大酒家之一。吳鑾曾身兼廣州十多家名店的管理，國民政府主席林森、太史江孔殷等名人亦經常派四人大轎接吳鑾往官邸治饌。一九四九年內地解放，大三元酒家結業，吳鑾在平安里對面開設式式菜館，每日賣出數百碗碗仔翅；一九五四年開辦南國酒家；一九五五年，以「中國名菜照片展覽」為題，在文昌路廣州酒家設宴百多席。一九五六年三月，吳鑾出任廣州市第一屆政協委員。

一九五七年，吳鑾到香港瓊華酒樓及金唐酒家工作；一九六〇年在委內瑞拉參加國際廚師比賽，榮獲「國際廚王」美譽，之後世界掀起中國菜潮流。一九六一年在永吉街主理萬發菜館；一九六三年主理鴻運酒樓及幸運酒樓；一九六五年在九龍城百好酒樓為社會名流主理「滿漢全席」；翌年主理紅梅閣酒樓以及荃灣紅梅園林酒家。一九八五年農曆三月初五過身，享年八十歲，其子吳啟成繼承父業，在內地多間酒樓主理廚政。

王錫良

一九一二年出生，十五歲在廣州多間酒家廚房當學師，後來為逃避戰火，轉往廣州灣（今湛江市）工作。四十年代隻身前往香港發展，曾在多家酒樓工作，包括大景象酒家、大三元酒家、鑽石酒樓。

五十年代，鏞記酒家老闆甘穗煇邀請王錫良，加入當時位於石板街三十二號的廚房團隊，專門負責爐頭工作。一九七〇年，應美心集團伍沾德邀請，參與加入大阪萬國博覽會香港館的廚房團隊，提供粵式點心，大受好評。

一九七一年，星光行翠園酒家成立，伍沾德擔任總經理，王錫良擔任主廚。翠園引入嶄新的「中式食物，西式服務」經營方針，不設搭枱，改以輪籌方式等位，並建立中菜標準化制度。二十多年間，王錫良作為中菜行政總廚，主理多間當年為人熟悉的酒家，包括翠園酒家、美心大酒樓及美心皇宮大酒樓。

王錫良在職期間，首創嚴厲的中菜廚房管理規則，如廚師制服必須整齊及扣好衫紐，頭髮必須剪短剷青，不能留鬢腳，必須穿著廚房用膠鞋。這些規則提高了中菜廚師的形象，流傳至今。王錫良優秀的廚藝和廚德，成功培育了往後多間著名食店的主廚。

年屆七十歲時，王錫良被譽為世界十大名廚之一，並於一九八三年正式宣告退休，一九九八年過世。

何柏

乳鴿大王，一九二〇年出生，原籍飲食之鄉順德，三十七歲半途出家做廚師，一直在沙田龍華酒店做主廚。龍華乳鴿馳名中外，深受食家推崇。何柏認為烹製乳鴿首重選料和鹵水香料配搭，重點是火候掌握精準。馳名菜式有紅燒脆皮乳鴿、豉油皇乳鴿、鹽焗乳鴿、竹笙氽鴿蛋、豉椒爆鴿雜等。

何聲

一九二六年出生，人稱「七叔」，南海沙灣人，九歲便在中環的酒家當學徒。二戰期間返回廣州自資經營食肆，戰後返港發展，先後追隨過吳漢、楊漢芝等前輩。一九五五年加入鏞記酒家擔任廚師，一九七〇年升為廚務主任。何聲首創一鵝九味、玻璃青背龍、啫啫大明蝦、寶鼎奇珍（改良佛跳牆）、古法煀羊腩、古法烤果狸。

李駒

生於一九三七年，十八歲入行，先後跟隨李全、關垣兩位名師學藝。李駒擅長烹調海鮮粵菜，人稱「魚王駒」。八十年代，首創仙鶴神針、如來神掌等別致的新派粵菜，名噪一時。仙鶴神針，仙鶴是乳鴿，神針是魚翅。當時用瓦罉上菜的「仙鶴神針」是一道新潮粵菜，創作意念來自一本著名的武俠小說。臥龍生與金庸、古龍合稱當代三大武俠小說作家，一九五八年他的作品《飛燕驚龍》在台北《大華晚報》連載，大受歡迎；一九六一年，這套武俠小說在香港拍成上中下三部粵語長片，片名改為《仙鶴神針》，男主角林家聲，女主角鄧碧雲和于素秋，影片哄動一時。故事內容講由於江湖上紛爭不停，各大門派決定開個金盆洗手大會來化解仇怨，儀式之中，空中突然有一仙鶴飛過，扔下一本最高武學「歸元秘笈」，於是各門派又展開新一輪刀光劍影的爭奪戰。書中男主角馬君武，此人武功高強，怒闖桃花陣，冒死尋奇書，騎仙鶴揮銀針，闖龍潭虎穴，還有兩位美女誓死相隨，英雄形象迷倒萬千武俠書迷。

周中

一九八八年出任凱悅酒店中菜總廚，是中式融和菜的始祖，曾參加日本電視台節目《料理之鐵人》，與來港的日本國寶級大廚道場六三郎比賽。周中亦參與電視節目《美女廚房》，以鬼馬作風大受歡迎。

戴龍

一九四九年出生，十三歲入行，一九七三年前往印尼萬隆的五星級酒店任總廚；八十年代先後在多家五星級酒店出任總廚；一九九二年出任香港港麗酒店主廚，及深圳觀瀾湖高爾夫俱樂部行政主廚；二〇二〇年投資食神麗宮餐廳。戴龍亦是周星馳電影《食神》的主角原型。一九九七年，香港旅遊協會及多位美食家聯同香港有線電視和多家媒體，選出楊貫一、許沛榮、陳東、戴龍為香港四大名廚，並主理香港回歸宴。

戴龍綽號「食神」，「神」是指烹飪的精神，不僅追求色、香、味、形、器，更追求營養和健康。

黎泰

諢號「桂魚仔」，七、八十年代香港粵菜名廚，出身廚藝世家，伯公黎錦是清末民初的廣州名廚，常常坐四人大轎上門做菜。黎泰十二歲入行，在生記館剁蒜頭，後赴澳門隨名廚叔叔學藝，二十歲已出頭露角，當時澳門有富豪要擺八十五圍壽宴，只有黎泰叔姪主持的海角皇宮可接辦，從此名聲大噪。八十年代初，黎泰任職美心集團百德翠園主廚，並被派往北京「世界之窗」做主廚，後擔任美心中菜部總廚。

李賓

一九四九年出生，曾任海港城新同樂魚翅酒家的主廚，先後追隨容坤、宋海淇等名師學藝，擅長炮製魚翅、鮑魚及海鮮野味等高級粵菜。李賓著名的拿手菜為紅燒大裙翅、蟹黃大生翅、清湯大散翅、蠔皇網鮑、窩燒原隻禾蔴鮑等等。

許沛榮

一九六二年入行，一九七一年任職日本京都京王酒店；一九七六年任職夏威夷萬壽宮；一九八〇年任美麗華酒店行政總廚；一九八六年獲「食在香港」美食大獎；一九八七年在美國三藩市及一九九二年在洛杉磯開辦海景假日翠亨村茶寮；一九九二年回港任美麗華酒店中餐行政主廚；一九九七年獲選為香港四大名廚之一兼主理香港回歸宴；一九九九年任職香港職業訓練局總指導員；一九九九至二〇一九年任職拉斯維加斯 MGM 酒店；二〇〇四年任美國中餐協會理事、第五屆中國烹飪世界大賽國際評委；二〇〇五年榮獲法國廚皇白金榮譽勳章並任法國廚皇會名譽主席；同年榮獲中國烹飪協會之中華金廚獎；二〇〇八年榮獲中國國際美食風尚論壇國際美食成就獎；二〇一四年榮獲愛斯克菲國際美食會總統藍帶勳章；二〇一七年任一帶一路美術藝術大賽評委會評委，二〇二三年任世界名廚聯合會專家委員會主席。

陳恩德

四季酒店中菜行政主廚，全球首位華人榮獲《香港澳門米芝蓮指南》三星廚師。陳恩德十三歲入行，在灣仔大三元從學徒做起，後加入福臨門酒家，一九八四年任職麗晶酒店麗晶軒中菜行政總廚，二〇〇四年加入四季酒店創辦龍景軒，並帶領龍景軒從二〇〇九至二二年連續十四年獲《香港澳門米芝蓮指南》三星榮譽。

陳恩德在一九六四年入行，喪偶的他為了照顧女兒，曾於二〇〇一年宣布退休，後來四季酒店開幕，他才重出江湖，掌舵龍景軒，憑著卓越的廚藝以及領導能力，從開業便帶領著餐廳團隊前進。陳恩德作風開明，以餐廳採用的醬油為例，便是他和整個團隊一起試了三十多款，選出最多員工投票的那一款來奉客。龍景軒的招牌菜：龍太子蒸餃、鮑魚雞粒酥、鮑汁扣法國鵝肝等，都是從傳統中注入現代思考的菜品，成為中菜與時代接軌的靈感泉源。

陳榮燦

人稱燦叔，一九三五年出生於廣東江門，五十年代由大觀酒樓的點心學徒做起，成為點心名廚。曾在一九九五至九七年任香港立法會議員（酒店及飲食界），二〇〇五年獲頒授銅紫荊星章，現為飲食業職工總會名譽會長、香港餐務管理協會名譽會長。

梁文韜

元朗大榮華酒樓執行董事，一九五〇年出生，廣東中山人，十幾歲移居香港，從酒樓廚師基層做起，一九七五年加入大榮華集團。二〇〇二年獲法國美食協會頒發 MASTER CHEF 勳章及優異之星金獎；二〇〇三年獲法國美食協會頒發廚藝博士勳章；二〇〇五年獲法國美食協會頒發五星白金獎及五星鑽石優異之星。二〇〇二年，拍攝幾十集TVB飲食節目《日日有食神》，曾創下飲食節目最高收視率紀錄，連同所出版十本食譜以及帶美食團的收入，全部捐助香港及內地助學基金、修建學校、添置教學器材，以及薪火工程和無國界醫生等，回饋社會。二〇〇七年，梁文韜成為廣東省雲浮市政協委員，並獲廣東省紅十字會頒發「慈善食神」證書及「馬來西亞旅遊美食家」證書，為內地、香港及馬來西亞的文化交流作出卓越的貢獻。

黃永幟

人稱幟哥，粵菜名廚、電視飲食節目主持人、飲食專欄作家。黃永幟於一九五九年出生於廣州粵菜廚藝世家，父親是當年世界十大中菜名廚黃江。七十年代，黃永幟由廣州來到香港，曾在翠亨邨、雅苑野味酒家及翡翠酒樓工作；一九八二年入職利苑酒家，一九八五年躍升為主廚，一九九二年出任總廚，在利苑酒家共任職二十六年；二〇〇五年黃永幟創立龍皇酒家飲食集團並出任主席，二〇二一年辭任。

黃永幟在二〇〇四年獲頒粵港澳餐業十佳名廚金獎；二〇〇五及〇六年任法國廚王會名譽主席；二〇〇五年獲頒中國飯店協會香港十佳名廚；同年任 Les Amis d'escoffier SocietyInc 榮譽主席、五星鑽石優異之星；二〇〇六年獲頒中國十大名廚獎及省港澳十大名廚獎；同年任中國烹飪協會名廚專業委員會第二屆代表大會委員；同年獲頒中國飯店業廚藝大師十佳之星；二〇一〇年獲亞洲美饌大師迎亞運公開賽銅獎；同年香港澳洲華人協會澳華食神；二〇一〇至二〇一一年度中國十大名廚；二〇一三年任現代管理（飲食）專業協會會長；二〇一五年任世界粵菜廚皇協會榮譽主席；二〇一七年至今出任現代管理（飲食）專業協會會長。

馬榮德

六國酒店粵軒中菜行政總廚，入廚五十年，擅長烹調粵菜。曾任香港中廚師協會會長，現任粵港澳餐飲廚藝協會委員、世界中餐業聯合會粵菜產業委員會委員及世界粵菜廚皇協會會士。馬榮德曾於英國，以及北京、瀋陽、廣西及台灣等地區著名食府擔任行政總廚。

二〇〇九年榮獲世界中國烹飪聯合會頒授國際中餐大師；二〇一二年法國藍帶美食協會頒授榮譽會員勳章；二〇一三年粵港澳酒店總經理協會頒授粵港澳十佳名廚；二〇一六年榮獲中國名廚星光大道成就金獎；二〇一七年世界粵菜廚皇協會頒授粵菜名廚大師；二〇一九年擔任「香港國際美食大獎」總評審。

馬榮德於美食比賽獲獎無數，分別在二〇一〇、一一及一三年「美食之最大賞」獲得至高榮譽金獎；二〇一四年「亞洲名廚大賽——龍蝦組」榮獲金獎；二〇一六至一八年獲得「亞洲名廚精英薈」至尊獎及金獎。二〇一二年六月，應香港旅遊發展局邀請前往法國參與「法國波爾多葡萄酒節」。

許美德

資深中菜名廚，人稱德哥，現任群生飲食技術人員協會理事長、百樂潮州酒家行政總廚。許美德是潮州人，十六歲入行，由學徒做起，幸得好師傅教導和扶持，加上自己勤奮打拚，曾在佳寧娜潮州菜及富豪機場酒店豪苑潮州酒家工作，入廚三十多年，擅長以古法炮製精緻菜式，屢獲殊榮，期間仍不斷自我增值，曾就讀策略管理課程，以及出版多本烹飪食譜書。

作為群生飲食技術人員協會理事長，許美德以德服人，致力團結飲食業界，提升廚師的技能和社會地位，並經常帶領協會會員參與慈善公益活動。

歐國強

澳門新葡京「8餐廳」行政總廚，十四歲入行，至今有三十多年中餐入廚經驗，畢業於中華廚藝學院第五屆中廚師大師級課程，亦考獲以下專業資格：中國世界烹飪聯會（國際中餐大師）、香港學術及職業資歷評審局（行業專家成員）香港特別行政區教育局屬下職訓局訓練委員會委員、中國國家勞動局技能鑑定中心考評員等。曾擔任多家高級食肆的行政總廚，包括新加坡四季酒店江南春、香港麗新飲食集團及港島廳等，為食客提供高質素的飲食體驗。在歐國強帶領下，新葡京8餐廳獲得「二〇二三全球餐廳精選榜」鉑金餐廳殊榮，多年來也為香港及澳門多間餐廳贏取《香港澳門米芝蓮指南》星級榮譽，更是全球最年輕的米芝蓮三星中菜廚師。二〇〇八年，歐國強獲得法國廚皇美食會金章會員，以及中國飯店協會頒授中國烹調藝術大師等，並於二〇一二年香港公開專業廚藝大賽勇奪隊際金獎。歐國強曾參與不同的國家級宴會，如二〇一八年越南國際廚師慈善晚宴、同年俄羅斯國家百貨宴會廳政府活動晚宴、二〇一七年法國 Song Qi 中菜廳遊艇會晚宴等。

洪志光

香港瑞吉酒店「潤」中餐廳行政中菜總廚。烹調傳統粵菜逾二十六年，曾在多家著名食府擔任主廚，包括香港文華東方酒店的米芝蓮星級餐廳文華廳、The Mira 國金軒（二〇一四年由副主廚晉升為主廚），以及新派粵式餐廳南海一號。在其主理之下，「潤」中餐廳成功獲取《香港澳門米芝蓮指南》二星餐廳之美譽。洪志光醉心鑽研融合新派食材和傳統菜式，擅長以自創的獨特手藝及現代烹調手法，創意演繹博大精深的粵菜佳餚，其精湛廚藝享譽業界。

尹達剛

一九四九年出生，原籍廣東東莞市，粵菜烹飪大師，日本國勞務管理士課程畢業，日本放送大學「地域之食文化」、「食物與身體」、「食物的性質和效能」課程畢業，世界中國烹飪聯合會國際評審委員，現為香港「大師宴」主理人。六、七十年代開始，任職新都酒樓、高陞酒樓、華盛頓酒樓、日本大阪東洋大酒店、日本德島市皇家八仙閣酒家主廚、大阪市東洋大酒店中菜主廚、多倫多金牛苑酒家主廚、日本神戶市花開街角中國料理總廚、日本佐世保市弓張之丘大酒店及橫濱市皇家日航大酒店皇苑主廚。尹師傅醉心研究中國飲食文化，被譽為中國餐飲文化大師，在香港與中國內地、加拿大、日本等地擁有近六十年中國廚藝經驗，享負盛名。曾在香港、山東、北京及台灣等地區對「孔府菜」料理和《紅樓夢》飲食文化進行實地調查及研究。

李文基

出生飲食世家，十七歲入行麗宮，曾任職嘉頓大會堂、頂好酒家、新同樂魚翅酒家，跟隨世界御廚楊貫一學藝十六年，盡得真傳。二〇〇三年開設灣仔人家私房菜，並為師父楊貫一走遍大江南北成立加盟店，二〇〇八年榮獲世界中國烹飪聯合協會「國際中菜大師」名銜。李文基曾多次為電視劇擔任菜式創作，多次介紹滿漢全席菜式，以及主持飲食節目。多年經營富家閣酒樓，並出任中華廚藝學院訓練委員會委員、香港現代管理（飲食）專業協會會董、法國藍帶美食會會員，同時是飲食專欄作家，著有多本著作，宏揚飲食文化。

蔡偉平

蔡偉平現職美心集團中菜行政總廚，從廚經驗超過三十年，擅於為傳統滋味賦予新的靈魂。以紮實的烹飪技術、對食材的深刻理解、卓越的廚房管理技巧，加上對廚藝的熱情，帶領廚師團隊打造譽滿香江的翠園酒家、美心皇宮大酒樓和八月花系列等三十多家香港頂級粵菜食府。二〇〇〇年，美心集團旗下粵菜名店粵江春翻新，改名為翠玉軒，在二〇〇八至一四年連續七年獲《香港澳門米芝蓮指南》一星的美譽。

李文星

卅二公館集團行政總廚，入行四十年，擅長烹調粵菜及大江南北菜，糅合中西式的烹調技巧及精緻的擺盤，演繹傳統的中菜美饌，備受食客及同業讚賞及推崇。現時，李文星除主理香港卅二公館的出品，還管理世界各地九個國家共十家食肆。

李文星畢業於中華廚藝學院第四屆大師級中廚師課程，曾多次為各國元首、政府要員及社會名人烹調特色佳餚。他曾任職香港文華東方酒店文華廳，帶領團隊榮獲《香港澳門米芝蓮指南》二星殊榮，以及香港旅遊發展局多項榮譽，包括二〇〇六及〇九年「美食之最大賞」，於 HOFEX 舉辦的「香港國際美食大獎賽」擔任評審工作，積極推廣傳統中菜。

黃隆滔

《香港澳門米芝蓮指南》三星粵菜食府富臨飯店行政總廚、「鮑魚大王」楊貫一入室弟子。十六歲入行，一九九二年加入富臨飯店，追隨楊貫一學藝多年，尤其擅長烹調鮑魚及各種名貴佳餚。對美食的專注，是黃隆滔多年來不變的堅持。他畢業於中華廚藝學院第八屆大師班中廚師課程，透過不斷進修學習，獲得多個專業資格，包括酒店、旅遊及廚藝學院校友會大師級廚師支會主席、法國美食協會會員、法國藍帶美食協會會員、群生飲食技術人員協會理事等，獲業界一致推崇。

黃永強

文華東方酒店文華廳中菜行政總廚，入行超過三十年，中華廚藝學院第四屆大師級中廚師課程畢業，現為香港中廚師協會副會長。二〇一一年任職文華東方酒店文華廳副總廚；二〇一三年在怡東酒店怡東軒擔任中菜行政總廚；二〇一八年任職文華東方酒店文華廳中菜行政總廚，並兼任北京王府井文華東方酒店中菜顧問，帶領文華廳及怡東軒獲得《香港澳門米芝蓮指南》一星食府榮譽。

黃永強參與不同機構的烹飪大賽並獲得殊榮，包括香港廚師協會「二〇〇七香港國際美食大賽」銀獎；香港旅遊發展局「二〇一四美食之最大賞」金獎；於二〇〇七及一五年獲得「美食之最大賞」至高榮譽金獎。他曾帶領怡東軒團隊在不同烹飪比賽獲得佳績。

周世韜

美麗華集團旗下中菜餐廳「唐述」營運及廚藝總監，從事飲食業二十多年，曾任職河內 JW 萬豪酒店及新加坡烏節大酒店大上海之餐飲顧問；Maximal Concepts 集團、Aqua 及囍宴廚藝行政總廚。現時是香港職業訓練局大師班（中式烹調）導師、二〇二一年中華廚藝學院新派與傳統外省菜講師。二〇一六年畢業於香港中華廚藝學院第八屆大師班課程，擁有專業的廚藝經驗，擅長高級粵菜、京川滬及西餐應用，不斷求進，變出創新的新派菜，曾主理政府高官及知名人士之宴會，以及處理各項高級宴會。周世韜曾參與多項烹飪比賽及榮獲獎項，如二〇一七年「世界粵菜廚皇大賽」亞軍、二〇一六年「世界廚皇台北爭霸戰」亞軍、二〇一五年「美食之最大賞」蔬菜和菇菌組金獎、同年「港澳專業廚藝大賽」個人高級組冠軍及團體組銀獎等，亦多次獲邀亮相電視媒體及報章訪問，如在《教煮爭霸》擔任烹飪評判，以推廣及傳承粵菜。

陳國偉

家全七福酒家總廚，一九七八年入行，擁有豐富的烹調粵菜經驗，曾在香港多家酒樓食府擔任中菜廚部要職，包括福臨門酒家、富麗雅酒家及富來海鮮酒家等，讓更多食客認識粵菜的精髓。曾遠赴日本福臨門酒家工作，並曾擔任澳門美高梅酒店副總廚，在推廣傳統粵菜方面不遺餘力。二〇一三年任職家全七福酒家行政總廚，十年間與同事肩並肩合作，群策群力獲得幾項榮譽，包括《香港澳門米芝蓮指南》一星、亞洲五十大最佳餐廳及《黑珍珠餐廳指南》二鑽榮譽。

饒璧臣

現職香港文華東方酒店資深助理總廚，入廚四十多年，有豐富烹調傳統粵菜的經驗，曾任職於上海、北京、新加坡等地的高級食府及酒店。現任香港中廚師協會理事委員、世界粵菜廚皇協會（香港分會）理事、職業訓練局二〇二一年飲食業人力情況焦點小組成員、中華廚藝學院廚藝課程委員會校外考試委員、中華廚藝學院（初／中／高級中廚師專業資格技能測試）考評員，並曾任中華廚藝學院第九屆大師班中廚師課程論文答辯考評委員。

饒璧臣於二〇一五年獲怡東酒店派往英國倫敦文華東方酒店，協助接待國家主席習近平及其隨團人員，提供中餐技術支援。二〇一七年獲中華廚藝學院邀請以大師級顧問身份隨團前往德國、瑞士及匈牙利，為慶祝香港特別行政區回歸二十周年協助籌備晚宴。二〇一九年，獲中華廚藝學院邀請，以大師級顧問身份隨團前往土耳其 MSA 烹飪藝術學院進行廚藝交流；曾獲中華廚藝學院第八屆大師班中廚師課程最優秀學員獎；曾於香港旅遊發展局舉辦的「美食之最大賞」獲兩項至高榮譽金獎及金獎；於 HOFEX 舉辦的「香港國際美食大獎賽」多次獲得獎項。

陳國強

皇朝會中菜廚藝顧問，擁有三十多年入廚經驗，以傳統滬菜出身，畢業於香港中華廚藝學院第五屆中廚師大師級課程，現時是世界中餐業聯合會常務理事及中國烹飪協會總廚委員會副主任。擅長烹調粵菜、京菜、川菜及淮揚菜，精於保留傳統菜式的精髓，並加以創新變化，精心創製精緻的菜式。

陳國強曾任職於蘇浙旅港同鄉會、雪園飯店、東來順及嚐悅，現時是萬事達餐飲管理有限公司董事。他除了獲得《香港澳門米芝蓮指南》一星餐廳總廚之榮譽，也屢獲多項本地及國際性獎項，包括「中餐世界烹飪錦標賽」金獎及世界冠軍、「中國全國烹飪比賽」金獎、香港旅遊發展局「美食之最大賞」至高榮譽金獎等，備受業界及媒體推崇。

林鈺明

香港半島酒店嘉麟樓行政總廚，入行逾三十多年，鑽研粵菜烹調，專心學習烹製鮑魚、魚翅及燕窩等技巧，炮製一道道精巧的美饌。曾獲邀在海內外多間著名星級食府任職，包括英國、菲律賓、中國北京及澳門等地，負責掌廚及行政管理等工作。二〇一七及一八年，擔任澳門玥龍軒行政總廚並摘下《香港澳門米芝蓮指南》一星榮譽。二〇一九年於香港半島酒店嘉麟樓擔任行政總廚，把各地食材引入傳統粵菜，創製自家獨特菜式，為食客帶來創新的食味體驗，連續八年獲得《香港澳門米芝蓮指南》一星食府的美譽。

鄧家濠

香港 JW 萬豪酒店萬豪金殿中餐行政總廚，擁有十多年入廚經驗，年輕有幹勁，擅於烹調地道粵菜，憑其對烹飪的熱忱及追求優質精巧菜式的堅持，連續於二〇二一及二二年帶領餐廳榮膺《香港澳門米芝蓮指南》一星美譽，為賓客呈獻精緻的點心及別具心思的粵式美饌。

鄧家濠曾於多家五星級酒店及星級食府汲取中菜烹調的知識與經驗，如在國金軒擔任主廚；在香港麗思卡爾頓酒店天龍軒、南海一號、利苑及帝京酒店帝京軒任職廚師。他考獲中華廚藝學院第九屆大師級中廚師課程證書，一直積極參與多項烹飪比賽並獲得獎項，包括二〇一一年在「粵港澳專業廚藝大賽」奪取季軍及二〇一六年贏得香港旅遊發展局「美食之最大賞」豬肉組金獎。

張浪然

新加坡香格里拉中餐行政總廚，擁有三十八年頂級粵菜烹調經驗，畢業於中華廚藝學院第五屆大師級中廚師課程，曾在多家著名中餐廳及米芝蓮星級食府任職，包括九龍香格里拉行政總廚、香港賽馬會著名中餐廳行政副主廚、半島酒店等，對粵菜懷著一份堅持及熱誠，不斷追求更卓越的美饌。

張浪然擅長將傳統烹飪技巧與創意融合，以現代的創新風格呈現經典粵菜，曾獲多項烹飪大賽最高獎項，包括二〇一六年「第十屆亞洲名廚精英薈」前菜組個人至尊金獎、二〇一四年「環球廚神國際挑戰賽」中華美食組至高榮譽金獎；二〇一三年「HOFEX香港國際美食大獎」現代中式烹調創意前菜組金獎等。

曾超烈

一九七〇年入行，掌廚四十多年，曾在多家頂級及米芝蓮食府包括美麗華酒店國金軒、滿福樓任職。二〇〇三年在中華廚藝學院首屆大師班畢業，二〇一三年出任康得思酒店明閣行政主廚，帶領餐廳由《香港澳門米芝蓮指南》一星升為二星食府。為推廣和發展中菜，出任第一屆香港中廚師協會會長，以及中華廚藝學院顧問。二〇一九年逝世。

李悅發

香港康得思酒店明閣行政總廚，中華廚藝學院第十一屆大師班畢業。入行二十多年，先後於多家著名傳統粵菜食府任職。二〇〇四年受邀加盟香港康得思酒店明閣，為開業團隊，十年內擢升至助理行政總廚，二〇一八年晉升為中菜行政總廚，肩負明閣傳承正宗粵菜的重任，延續明閣自二〇〇九年起十六年的《香港澳門米芝蓮指南》摘星之旅，以及保持自二〇〇八年起連續七年的《黑珍珠餐廳指南》一鑽榮譽。李悅發亦致力推廣均衡健康的飲食模式，將環境友善食材如植物豬肉融入高級粵菜，為業界先驅。

梁耀基

香港數碼港艾美酒店南坊中菜行政總廚，擁有逾二十五年烹調中菜的經驗，畢業於中華廚藝學院第九屆大師班中廚師課程，二〇一七年曾在英皇駿景酒店中菜廳工作並摘下《香港澳門米芝蓮指南》一星榮譽，具豐富籌辦大型宴會的經驗，透過參與不同比賽，不斷創新菜式，同時讓其精湛廚藝昇華。梁耀基在廚藝生涯中屢獲殊榮，獲獎無數，包括「亞洲名廚精英薈」上海站金獎；「世界粵菜廚皇大賽」十大世界粵菜廚皇；荷蘭「第八屆中國烹飪世界大賽」團體賽金獎及個人賽銀獎等。

鄧志強

加入半島酒店集團超過三十五年，自二〇一八年出任集團中式餐飲顧問至今。曾任職香港半島酒店嘉麟樓，其後調職至日本東京半島酒店中菜廳起鳳臺，出任行政總廚，並帶領起鳳臺於二〇〇七年獲得米芝蓮一星。鄧志強在海外肩負推廣中式粵菜的重任，於巴黎半島酒店莉莉中餐廳擔任要職，並帶領上海半島酒店逸龍閣於二〇一七及一八年，連續兩年獲得《香港澳門米芝蓮指南》二星殊榮，成為上海市最佳中餐廳之一。

李志偉

香港瑰麗酒店彤福軒中菜行政總廚，帶領彤福軒於二〇二四年度被評為《香港澳門米芝蓮指南》一星。擁有超過二十年餐飲專業烹飪經驗，擅長烹調精緻粵菜及廣東省順德地區菜餚，也精於製作京魯、四川、蒙古和淮揚菜，以才華洋溢的烹調技術見稱。身為傳統粵菜大師，李志偉曾在香港多間國際高級豪華酒店擔任高級管理職位。在澳門擔任主廚期間，負責為酒店集團管理重要的全新團隊、研發菜單和業務營運。

談錫麟

香港海洋公園萬豪酒店中餐行政主廚，掌廚粵菜逾五十年，擅長選用高品質的食材，炮製星級的美饌盛宴。曾任新世界酒店、香港萬麗海景酒店滿福樓、天津環亞國際馬球會中菜廳行政主廚。二〇一〇年為食府獲得《香港澳門米芝蓮指南》一星餐廳榮譽。

江肇祺

帝港酒店集團區域中式廚藝總監，香港中廚師協會會長。入行超過三十五年，現管理帝港酒店集團屬下三間酒店中餐廚房，擁有精湛的中式廚藝經驗，資歷深厚。加盟帝港酒店集團前，曾於多間著名的飲食集團及酒店任職，包括美心集團、馬可孛羅香港酒店、日本岩崎酒店、富豪酒店集團、香港賽馬會及銀行會所等。

出身於廚藝世家的江肇祺，從小立志成為廚師，其外祖父是世界十大名廚之一王錫良。由於家族代代相傳任職中菜師傅，受家人薰陶下漸漸顯露廚藝天份，十五歲決意加入廚藝界，鑽研不同的烹調方法，製作色香味俱全的佳餚。

江肇祺曾多次帶領團隊於「HOFEX香港國際美食大獎」奪取金獎，並於二〇一七年度勇奪中式烹調最高榮譽的金紫荊杯；亦帶領團隊為帝京酒店帝京軒推出「愛玲宴」、「禪宴」、「唐詩賞饌」等具文化氣息的中菜。

林振國

從一九六六年起從事廚師行業，師從黎泰大師，曾隨名廚鍾錦深造，擁有五十多年的入廚經驗，廚藝精湛，善於發掘和應用新食材，如中國台灣的櫻花蝦、相思子、馬來西亞的「忘不了」魚等食材，都是通過他引入內地餐飲市場。林振國精通順德菜，對新派粵菜有獨到的見解，曾為國家級領導人、知名人士如朱鎔基、錢學森等人提供用膳服務，深獲好評。曾經服務於洲際、銀河酒店等多家全球性酒店集團，在順峰飲食集團、澳門佳景等大型連鎖餐飲集團內擔任行政總廚、餐飲顧問、出品總監等職務。為人樂善好施，多次組織世界中餐名廚聯合會參與社會的公益事業、慈善捐款活動。二〇一七年獲澳門特區政府頒發旅遊功績勳章。

禤智明

陸羽茶室行政總廚，粵菜廚藝大師，現任群生飲食技術人員協會理事、香港學術及職業資歷評審局行業/學科專家。十四歲入行，擁有逾五十年的粵菜豐富經驗，擅長烹調傳統古法粵菜，為人低調，被傳媒稱為「神秘廚神」。

高維遠

由學徒出身，迄今入行四十年，現擔任美心集團中菜部總廚，精於烹調粵菜，期望炮製具個人風格的特色佳餚，讓食客感到滿足。

高維遠最喜歡嘗盡天下美食，於廚師生涯中邊學邊吃，務求令廚藝更上一層樓，並在傳統中菜基礎上加入創新意念及食材，吸引年輕人加入廚師行列，發揮新舊交融的烹調方式，開創中菜美饌新一面，並傳承下去。多次參與烹飪比賽，曾榮獲香港旅遊發展局舉辦的「美食之最大賞」及「香港國際美食大獎」金獎、銀獎及銅獎等獎項，獲同業友好認同。

楊源益

香港賽馬會沙田會所中菜行政總廚，負責中菜廚房的管理及日常運作，中華廚藝學院第五屆大師級中廚師課程畢業，擁有逾四十年的豐富經驗，曾任職於鳳城酒家、尖沙咀喜來登酒店，並曾於北京、上海、哈爾濱、長沙及廣州等大城市工作，領略及鑽研不同地方菜餚的特色及風味。

鄧浩宏

美麗華酒店國金軒中菜行政總廚，入行二十四年，師承名廚陶國檢，曾在香港多家著名食肆任職以獲取經驗，包括文華廳、囍宴私房菜、帝京軒及采蝶軒等。二〇一一年畢業於中華廚藝學院第十屆大師班中廚師課程，喜愛在傳承與創新中鑽研，精於扣燉，擅長舊菜新做，在傳統菜式中加入不同地方的食材，併入不同的煮法，換上嶄新的擺盤設計，務求令食客感受中菜的博大精深。

陳永瀚

凱日精品粵菜館燒味總廚，從事燒味行業至今逾三十年，外號「燒味王」，先後在多間食肆任職，包括西苑酒家、康蘭酒店蘭苑、榕華閣、深井燒鵝海鮮酒家、海天皇宮、全旺海鮮酒家、利苑酒家、陶源酒家、翠園、翠玉軒、太平洋會、玥龍軒、滿樂中菜及帝逸酒店。

陳永瀚畢業於中華廚藝學院第九屆大師班中廚師課程，曾撰寫多本燒味著作，其中《燒味、滷水、小吃》榮獲 Gourmand World Cookbook Awards 香港最佳燒烤食譜及香港最佳肉類食譜獎項。經常擔任餐飲業顧問，及任烹飪班導師，傳授中式燒味製作技巧。

昔日粵菜盛事

一八六九年，英國愛丁堡公爵（Prince Alfred, Duke of Edinburgh）訪港，為第一代大會堂揭幕，華人團體在太平山區街市街（普慶坊）的同慶戲院設宴款待，並上演粵劇娛賓。

一九二二年四月六日，英國愛德華王子（後即位英王愛德華八世，Edward VIII）訪港，華人在石塘咀太平戲院設宴款待，筵開四十二席，採用中菜宴客，由金陵酒家到會烹調，菜式包括官燕鴿蛋、吉列斑球、上湯生翅、紅燒山瑞、燉鷓鴣粥、鐵扒雞、什錦炒飯、甜芒果露、點心四式。散席時先行鳴鑼示意。

一九三六年英國愛德華八世登基，由五月十一至十六日為慶祝加冕，全港酒樓可以通宵營業，小販可不需牌照自由販賣。

一九四九年十月一日，中華人民共和國成立前夕，《華商報》的代總編楊奇在香港銀龍大酒家舉辦隆重宴會，宴請到港的《大公報》社長費彝民，銀龍大酒家成為工商業行家設宴聚餐的首選場地。銀龍大酒家樓高五層，三十年代由廣州商人高棠和高湛兄弟在香港創立，位置在德輔道中與摩利臣街交界。

一九五二年十月，英國根德公爵夫人（HRH Princess Marina, Duchess of Kent）和兒子根德公爵（Edward, Duke of Kent）訪港，香港華人團體在金陵酒家四樓宴請，賓主約三百人。晚宴是中菜西食，菜式用位上，但全場均用碗筷，貴賓席除碗筷匙羹之外，更放置刀叉。宴會的菜單包括：燕窩鴿蛋湯、吉列石斑、魚翅、炸子雞、冬瓜脯、揚州炒飯、燴伊麵、蓮子百合羹、點心、茶，酒採用紹興酒。上菜的男女侍應都穿上劃一制服，男侍應穿白衣黑褲，女侍應穿白色旗袍。

一九五三年六月二及三日，為慶祝英女王伊利沙白二世（Elizabeth II）加冕，港九各區舉行會景巡行。有茶樓酒家為市民提供較佳觀賞位置，售五十元一個卡位、八元一盅茶、一百五十元一天租、三百元一席酒菜。同年十一月五日，美國副總統尼克遜（Richard Nixon）訪港，華資工業界人仕在金陵酒家根德大禮堂設宴款待。

一九五九年三月六日，英女王王夫菲臘親王（Prince Philip）官式訪問香港，晚上八時由香港各界華人代表於英京大酒家頂層金鑾殿設宴款待。出席者三百多人，包括首席華人代表周埈年、周錫年、羅文錦及前港督葛量洪（Alexander Grantham）等，晚宴由周埈年致歡迎辭，並致送紀念品，菲臘親王致答謝辭。菜式是按傳統粵菜規格設定，定價為一席三百元。當晚的菜單自宴請親王之後大為出名，事後很多人到英京酒家指明要照版定製，包括二熱葷（碧玉珊瑚、咕嚕肉）、五大菜（燒全體金乳豬、滑生雞絲大翅、一品官燕白鴿蛋、金華玉樹雞、清蒸大紅石斑）、麵（長壽伊麵）、飯（揚州炒飯）、甜品（生磨杏仁露、甜點兩式）。其中咕嚕肉實為無骨的生炒排骨，鮮會放入宴會菜單中作為熱葷，其用意是因為外國人都很喜歡吃國外唐人餐館的咕嚕肉。至於金華玉樹雞（即金華火腿、菜薳、雞），在五十年代初，由於金華火腿不易求，這道菜算得上是名貴菜式，經宴請菲臘親王後，成為香港經典粵菜。

一九六一年十一月七日，華人團體為接待英國雅麗珊郡主（Princess Alexandra）訪港，假華人行頂樓的大華飯店舉行宴會，筵開四十二席。當日的菜單為粵菜，包括：合桃雞丁、鍋貼明蝦、滑雞絲大翅、當紅片皮乳豬、金華玉樹雞、上湯官燕鵪鶉蛋、蟹扒雙蔬、吉列石斑塊、什錦炒飯、甫魚伊麵、杏仁奶露。行政立法兩局議員在香港仔海鮮舫另設宴招待。

一九六三年十二月十一日，丹麥瑪嘉烈公主（即後來的丹麥女王瑪嘉烈二世）到訪香港，東亞公司在香港仔太白海鮮舫以地道的粵菜設宴招待，菜式共十五道，包括：燒火腿、田雞腿、鴿蛋、燕窩、燒乳豬等。

一九六五年二月九日，港督戴麟趾（David Trench）在港督府內用粵菜招待新界鄉紳。這是港督府首次採用粵菜宴客，由咸記筵席專家主理烹調，筵開二十多席，菜式有包翅、乳豬等。

一九六六年三月，英國瑪嘉烈公主（Princess Margaret, Countess of Snowdon）伉儷訪問香港，期間曾往太白海鮮舫享用海鮮宴、在大會堂酒樓享用午宴、在告羅士打酒家享用粵菜。當日告羅士打酒樓筵開四十多席，每桌約三百元，菜單包括：清燉鳳吞翅、金華玉樹雞、燒鳳肝冬筍白鴿片、脆皮琵琶鴨、上湯官燕白鴿蛋、吉列大紅斑、鴛鴦炒飯、上湯生麵、生磨馬蹄露、美點雙輝。

一九七五年五月五日，為接待英女王伊利沙白二世伉儷訪港，在全新裝修的大會堂酒樓舉行宴會；該酒樓在款待英女王伉儷翌日才正式營業。

當日的菜式包括：雲腿拼鮮帶子、蟹黃扒官燕、紅燒大包翅、當紅脆皮雞、翡翠麒麟斑、鮮蝦荷葉飯、乾燒伊府麵、蓮子杏仁茶、甜點兩式（香酥椰絲堆、蓮蓉蟠龍果）。

一九八六年，香港聯交所在紅磡體育館舉辦開幕晚宴，筵開二〇三席，由美心集團承辦到會，設立四個廚房，動員逾千人。

參考書目

書籍

・鄭寶鴻：《香江知味：香港百年飲食場所》。香港：商務印書館（香港）有限公司，二〇二一年。

・鄭寶鴻：《香江冷月：日據及前後的香港》。香港：商務印書館（香港）有限公司，二〇二〇年。

・鄭寶鴻：《回味無窮——香港百年美食佳餚》。香港：商務印書館（香港）有限公司，二〇二二年。

・鄭寶鴻：《香港華洋行業百年——飲食與娛樂篇》。香港：商務印書館（香港）有限公司，二〇一六年。

・黃競聰：《城西溯古——西營盤的歷變》。香港：中華書局（香港）有限公司，二〇二二年。

・陳植漢編：《老港滋味》。香港：中華廚藝學院，二〇一五年。

・吳錦銳、黎承顯策劃：《香港名菜精選》香港：飲食天地出版社，一九八八年。

・梁炳華：《香港中西區地方掌故（增訂本）》。香港：中西區區議會，二〇〇五年。

・中華廚藝學院及國際廚藝學院編輯組編：《點滴成金》，香港：中華廚藝學院，二〇一八年。

・梁廣福：《再會茶樓歲月》。香港：中華書局（香港）有限公司，二〇一八年。

・黃家樑等：《香港飲食遊蹤》。香港：三聯書店（香港）有限公司，二〇二三年。

・飲食男女編輯部：《本土情味　飲食男女——文章結集》。香港：飲食男女周刊有限公司，二〇二〇年。

・群生飲食技術人員協會：《粵式酒樓美食 60》。香港：萬里機構，二〇一二年。

・梁桂玲等：《暢談飲食與社會變遷》。香港：明文出版社，二〇一八年。

・黃燕清編：《香港掌故（一九五九）附香港歷史（一九五三）》。香港：心一堂有限公司，二〇一八年。

・子羽編著：《香港掌故（二集）》，香港：香港上海書局，一九八三年。

·子羽編著：《香港掌故（一集）》，廣州：廣東人民出版社，一九八五年。
·陳夢因（特級校對）：《食經》。香港：商務印書館（香港）有限公司，二〇一九年。
·陳夢因（特級校對）：《粵菜溯源錄》。天津：百花文藝出版社，二〇〇八年。
·謝嫣薇：《消失中的味道》。香港：三聯書店（香港）有限公司，二〇一九年。
·謝嫣薇：《改變世界的味道——十八篇與當代廚界先行者的訪談錄》。香港：三聯書店（香港）有限公司，二〇二一年。
·陳紀臨、方曉嵐：《最愛香港菜 1》。香港：萬里機構，二〇一四年。
·陳紀臨、方曉嵐：《最愛香港菜 2》。香港：萬里機構，二〇一四年。
·陳紀臨、方曉嵐：《粥粉麵飯》。香港：萬里機構，二〇一四年。
·陳紀臨、方曉嵐：《經典香港小菜》。香港：萬里機構，二〇一九年。
·陳紀臨、方曉嵐、林長治：《參乾寶貝》。香港：萬里機構，二〇二一年。
·鄭寶鴻：《百年香港慶典盛事》。香港：經緯文化出版有限公司，二〇二二年。
·美心集團：《夢想·無限 1956-2016》。二〇一六年。
·鄭宏泰、周文港：《文咸街里：東西南北利四方》。香港：中華書局（香港）有限公司，二〇二〇年。
·鄺裕棠：《香港海味》。香港：萬里機構，二〇一一年。
·潘英俊：《粵廚寶典——候鑊篇》。廣州：嶺南美術出版社，二〇〇六年。
·潘英俊：《粵廚寶典——味部篇》。廣州：嶺南美術出版社，二〇〇九年。
·蕭國健：《大灣區歷史文化探索》。香港：中華書局（香港）有限公司，二〇二二年。
·群生飲食技術人員協會：《巧製燒臘三弄》。香港：萬里機構，二〇一五年。
·楊維湘：《香港飲食年鑑 2008-2009》。香港：萬里機構，二〇〇八年。
·楊維湘：《香港飲食年鑑 2010-2011》。香港：萬里機構，二〇一〇年。

- 于逸堯：《半島》。香港：三聯書店（香港）有限公司，二〇一五年。
- 于逸堯：《不學無食》。香港：三聯書店（香港）有限公司，二〇一九年。
- 周松芳：《廣東味道》。廣州：花城出版社，二〇一五年。
- 徐成《香港談食錄——中餐百味》。香港：三聯書店（香港）有限公司，二〇二二年。
- 朱文俊：《走過六十年——鏞記》。香港：三聯書店（香港）有限公司，二〇〇二年。
- 屈穎妍：《鹹酸苦辣甜——七哥自傳》。香港：星島雜誌集團，二〇一八年。
- 陸羽茶室：《陸羽茶室歷史回眸》。香港：陸羽茶室酒樓有限公司，二〇一〇年。
- 蔡瀾：《蔡瀾歎名菜》。香港：天地圖書有限公司，二〇〇九年。
- 張連興：《香港二十八總督》。香港：三聯書店（香港）有限公司，二〇一二年。
- 唯靈：《食德是福》。香港：天地圖書有限公司，二〇〇九年。
- 邱東：《新界風物與民情》。香港：三聯書店（香港）有限公司，一九九二年。
- Wong, Y. C. (2012). *Hong Kong Stories in 1900s.*
- Far East Enterprises. (1953). *Faree's Tourists Guide to Hong Kong.*
- Hibbard, P. (2010). *Beyond Hospility : The History of The Hong Kong and Shanghai Hotels, Limited.* Marshall Cavendish.
- Beach, W. R. (1870). *Visit of His Royal Highness The Duke of Edinburgh to Hong Kong in 1869.* Noronha and Sons.

集刊文章

- 蔡思行：〈香港的法治與司法制度〉，載盧亦瑜策劃：《CACHe X RTHK 香港歷史系列：教學及活動資源》。香港：長春社文化古蹟資源中心，二〇一五年。

學位論文

- 陳永瀚：〈燒味發展歷史〉。中華廚藝學院大師級畢業論文，二〇一八年。

雜誌文章

- 陳秀華：〈關於海味〉，《野外動向——走進上環系列》，二〇一一年第六十六期，頁八六—八九。
- 嚴言：〈金融海嘯下香港飲食界自救〉，《食品與生活》，二〇〇九年第六期，頁三七。
- 呂大呂：〈廣州十大茶室〉，《大人雜誌》，一九七一年第十三期，頁六八—六九。

報章

- 《經濟日報》，各年。
- 《華僑日報》，各年。
- 《大公報》，各年。
- 《香港華字日報》，各年。
- 《工商日報》，各年。
- 《工商晚報》，各年。
- 《循環日報》，各年。
- 《天光報》，各年。
- 《文匯報》，各年。
- 《蘋果日報》，各年。

法令

- PEACE OF THE COLONY ORDINANCE, No. 9 of 1857.

網站

- 〈香港記憶〉，https://www.hkmemory.hk/MHK/collections/TWGHs/All_Items/images/202003/t20200306_94135.html?f=classinfo&cp=%E5%85%AC%E6%96%87%E5%%

8F%8A%E8%AD%89%E6%98%8E%E6%96%87%E4%BB%B6&ep=Documents%20and%20Testimonials&path=/MHK/collections/TWGHs/All_Items/10266/10278/10282/index.html

- 〈早期華人〉，賽馬會香港歷史學習計劃專題展覽，https://commons.ln.edu.hk/cgi/viewcontent.cgi?article=1004&context=jchkhlp_exhibitions
- 〈老香江懷舊歷史照俱樂部〉，Facebook，https://www.facebook.com/groups/953085778212155/?locale=zh_HK
- 〈舊相重溫〉，Facebook，https://www.facebook.com/groups/188384079770504/
- 〈商城雜記〉，Facebook，https://www.facebook.com/people/%E5%95%86%E5%9F%8E%E9%9B%9C%E8%A8%98-Business-Tales-of-Hong-Kong/100063764821438/
- 〈香港往昔〉，Facebook，https://www.facebook.com/groups/715431256097841
- 〈香港60年前〉，Facebook，https://www.facebook.com/groups/110365013966557 0/
- 榮鴻曾：〈樂言回首〉，灼見名家，二〇一六年十一月二十六日。https://www.master-insight.com/category/topic/%E6%A8%82%E8%A8%80%E5%9B%9E%E9%A6%96/
- 〈Flickr〉，https://www.flickr.com/photos/old-hk/4309149674
- 懷舊堂主：〈舊茶樓黃金歲月〉，懷舊香港，二〇一三年十一月十三日。http://kfwong2013.blogspot.com/2013/11/blog-post_13.html?m=1
- 懷舊堂主：〈苦戀，愛群道〉，懷舊香港，二〇一三年十一月十三日。http://kfwong2013.blogspot.com/
- 皮毛小知識：〈【影片】香港首座公共文娛中心——舊香港大會堂〉，關鍵評論，二〇二一年八月二十一日。https://www.thenewslens.com/article/155376
- 〈回顧30年〉，香港歷史博物館，二〇〇五年。https://hk.history.museum/tc/web/mh/publications/spa_pspecial_07_01.html

- 〈再興燒臘飯店〉，維基百科，https://zh.wikipedia.org/wiki/%E5%86%8D%E8%88%88%E7%87%92%E8%87%98%E9%A3%AF%E5%BA%97
- Yan Chung：〈港九新界最正燒味地圖！老字號/炭燒/食神叉燒齊晒！米芝蓮燒鵝、中午沽清芝麻皮燒腩，琵琶鴨邊度搵？〉，etnet 經濟通，二〇二二年三月十日。
- https://www.etnet.com.hk/mobile/tc/lifestyle/eatandplay/foodiewhatson/77119?part=3?utm_source=mobile&utm_campaign=copy
- 細味香港，https://gogogo19.com
- 〈歷史古蹟〉，孫中山在香港，二〇〇六年三月三十一日。https://www.lib.hku.hk/syshk/D.html#D0220
- 謝嫣薇：〈粵菜人物系列葉一南、鄧天〉，米芝蓮指南，二〇一九年四月十六日。https://guide.michelin.com/hk/zh_HK/article/people/cantonese-cuisine-figures-founders-of-the-chairman

鳴謝

香港中華廚藝學院　香港中廚師協會　群生飲食技術人員協會

鄭寶鴻先生　謝嫣薇女士　鄔智明先生　朱文俊先生　于逸堯先生

甘琨禮先生　容沛光先生　李文基先生　許美德先生　余英才先生

陳永瀚先生　黎耀楷先生　葉振文先生

香港粵菜

方曉嵐 著

責任編輯 寧礎鋒

書籍設計 李嘉敏

出版 三聯書店（香港）有限公司
香港北角英皇道四九九號北角工業大廈二十樓
Joint Publishing (H.K.) Co., Ltd.
20/F., North Point Industrial Building,
499 King's Road, North Point, Hong Kong

香港發行 香港聯合書刊物流有限公司
香港新界荃灣德士古道二二〇至二四八號十六樓

印刷 美雅印刷製本有限公司
香港九龍觀塘榮業街六號四樓A室

版次 二〇二四年七月香港第一版第一次印刷

規格 特十六開（148mm × 210mm）三〇四面

國際書號 ISBN 978-962-04-5479-0

鳴謝萬里機構為本書提供照片
（頁 61、110、113、117、118、120、123、125、127、139、140、149、152、157、160、161）

三聯書店
http://jointpublishing.com

JPBooks.Plus
http://jpbooks.plus